电力设备监测
大数据分析方法

宋亚奇 李 莉 朱永利 编著

中国电力出版社

CHINA ELECTRIC POWER PRESS

内 容 提 要

本书针对智能电网环境下电力设备监测大数据的存储、处理和分析方法展开研究，主要内容涉及利用云计算和大数据处理技术（Hadoop、MaxCompute、Spark）研究电力设备监测大数据的存储方法、数据在分布式平台下的分布策略、波形信号的并行分析和特征提取方法、多源数据的并行关联查询和分析方法、监测数据的并行聚类方法、短时高并发报警数据的实时模式识别、监测数据流式处理方法等方面。

本书可以作为普通高校电气工程类、计算机和电子信息类研究生教材和参考读物，也可作为云计算、大数据等相关专业研究人员、工程技术人员和教师的参考用书。

图书在版编目（CIP）数据

电力设备监测大数据分析方法 / 宋亚奇，李莉，朱永利编著. —北京：中国电力出版社，2018.10（2024.12 重印）
ISBN 978-7-5198-2236-1

Ⅰ. ①电… Ⅱ. ①宋… ②李… ③朱… Ⅲ. ①电力设备-监测-数据处理 Ⅳ. ①TM4

中国版本图书馆 CIP 数据核字（2018）第 155824 号

出版发行：中国电力出版社
地　　址：北京市东城区北京站西街 19 号（邮政编码 100005）
网　　址：http://www.cepp.sgcc.com.cn
责任编辑：陈　丽（010-63412348）
责任校对：黄　蓓　常燕昆
装帧设计：郝晓燕
责任印制：石　雷

印　　刷：固安县铭成印刷有限公司
版　　次：2018 年 10 月第一版
印　　次：2024 年 12 月北京第三次印刷
开　　本：710 毫米×1000 毫米　16 开本
印　　张：12
字　　数：195 千字
印　　数：1501—2000 册
定　　价：60.00 元

前　言

随着电网规模迅速增长，电网结构越来越复杂，信息化与电力生产深度融合，智能化电力一次设备和常规电力设备的在线监测都得到了较大发展并成为趋势，监测数据变得日益庞大，设备中进行获取与传输的监测数据成几何级增长。电力设备在线监测系统在数据存储、查询和数据分析等方面面临巨大的技术挑战。如何对电力设备监测大数据进行高效、可靠的存储，并快速访问和分析，是当前电力信息处理领域和大数据处理领域重要的研究课题。电力设备监测大数据的特点和所面临的技术挑战包括：

（1）电力设备状态监测数据的规模非常巨大，从 TB 级别往 PB 级别发展。现阶段输变电设备以及输电线路的在线监测系统（局部放电、油色谱、线路覆冰监测、绝缘子泄漏电流、电站视频监测等）涉及的监测点数量多、数据采样率高、数据类型多样（结构化数据、非结构化数据），监测数据体量巨大。在线监测系统的计算处理速度及响应时间受限于硬件性能，在发生电网故障情况下，短时间内大量数据若得不到及时处理，可能面临信息延迟甚至丢失的风险。

（2）处理速度快。对海量的输变电设备监测历史数据进行离线分析处理的过程包括数据清洗、格式转换、信号去噪、特征提取、模式识别等，任何一个环节处理速度慢，都会成为应用系统的性能瓶颈。数据处理平台要能够提供并行化、高吞吐量、批处理的能力。除历史数据的离线分析处理外，其他的一些应用场景，包括：Ad Hoc 数据分析查询、监测大数据流式处理等，都对系统的数据处理速度提出挑战。

（3）数据存储与处理平台的架构。如何根据输变电设备监测大数据的特点和应用需求，选择、组合、合理利用现有大数据技术（Hadoop、Spark、多核计算、云计算等）构建高可靠性及高可用性的分布式存储与计算平台，并利用并行计算技术（MapReduce、MR^2、MPI 等），满足海量历史数据查询分析、数据挖掘、在线服务等各类计算任务性能需求，助力电力大数据价值释放极具挑战性。

（4）多源异构数据的关联分析。在输变电设备监测大数据应用中，需要对多源监测数据进行关联分析，也需要对气象、环境等电网系统外数据与监测数据进行关联分析。由于关联分析涉及的数据体量巨大，传统的基于关系数据库和数据仓库的表连接查询、表关联分析方法，以及传统的基于单机环境的统计分析算法、模式识别算法在执行效率方面无法满足"数据密集型"大数据应用系统的性能要求。这种需求对数据的存储模式、数据的分布策略以及算法执行的性能提出挑战。

（5）时空属性。监测数据采样值具有时间属性，监测装置节点具有地理位置属性（空间属性）。对监测数据的查询不仅局限于按照设备关键字、采集时间进行查询，还可以基于更加复杂的条件约束进行多条件查询。例如，根据用户指定的某个地理区域（经纬度范围），查询区域内监测装置在指定时间范围里的监测数据，绘制趋势曲线，完成统计分析等。

（6）价值密度低。以电站视频监测数据为例，连续监测的视频流中，有用的数据可能仅有几秒钟。传统的电力设备状态评估方法中，只对异常数据关注、处理和采用，而丢弃所谓"正常数据"。然而大量的正常数据，或者介于正常和异常之间的临界状态的数据，也可能成为故障分析判断的重要依据。

面对上述挑战，常规的数据存储与管理方法大都构建在大型服务器、磁盘阵列（存储硬件）以及关系数据库系统（数据管理软件）上，系统扩展性差、访问性能低下、成本高，在存储和处理监测大数据时遇到了极大的困难。

本书基于云平台和 Hadoop、Spark、MaxCompute 等大数据处理技术，对电力设备监测大数据的存储模式、数据分布策略、波形信号并行分析、特征提取、多源数据关联查询、并行聚类划分以及报警数据的实时模式识别等方面进行了研究，并取得了一系列的创新性成果。

本书由华北电力大学宋亚奇、李莉统稿和编写，华北电力大学朱永利教授对全书进行了审阅。

本书的研究工作得到了国家自然科学基金项目（51677072）以及中央高校基本科研业务费专项资金资助项目（2016MS116，2016MS117）的资助。在这里，谨对所有给予我们指导、关心和帮助过的单位和个人表达最诚挚的谢意。

由于学术水平和工程经验有限，对所研究内容和把握能力还存在不足和欠缺，书中不足之处在所难免，恳请各位专家和读者批评指正！

作　者

2018 年 5 月

目　录

第一章　电力设备监测大数据的
特点和所面临的技术挑战

第一节　电力设备监测大数据的特点

一、智能电网与监测大数据

近年来，随着全球能源问题日益严峻，世界各国都开展了智能电网的研究工作[1]。智能电网的最终目标是建设成为覆盖电力系统整个生产过程，包括发电、输电、变电、配电、用电及调度等多个环节的全景实时系统[2]。而支撑智能电网安全、自愈、绿色、坚强及可靠运行的基础是电网全景实时数据采集、传输和存储，以及累积的海量多源数据快速分析。因而随着智能电网建设的不断深入和推进，电网运行和设备检/监测产生的数据量呈指数级增长，逐渐构成了当今信息学界所关注的大数据，这需要相应的存储和快速处理技术作为支撑。

由于物联网和无线传感技术的广泛应用，积累了海量、多源异构数据，这急需人们研究这种大数据的分析技术和理论。目前，大数据已成为学术界和产业界共同关注的研究主题[3]，在很多领域获得了应用，具有广阔的应用前景。仅 2009 年，谷歌公司通过大数据业务对美国经济的贡献就为 540 亿美元，而这只是大数据所蕴含的巨大经济效益的冰山一角[4]。淘宝公司通过对大量交易数据的变化分析，可以提前 6 个月预测全球经济发展趋势。IBM 公司利用多达 4PB 的气候、环境历史数据，设计风机选址模型，确定风机安装的最佳位置，从而提高风机生产效率和延长使用寿命[5]。

2011 年 5 月，麦肯锡公司发布了关于大数据的调研报告《大数据：下一个前沿，竞争力、创新力和生产力》[6]，文中充分阐明了大数据研究的地位以及将会给社会带来的价值，大数据研究已成为社会发展和技术进步的迫切需要。

在智能电网系统中，大数据产生于系统的各个环节。比如在用电侧，随着大量智能电表及智能终端的安装部署，电力公司和用户之间的交互行为迅猛增长，电力公司可以每隔一段时间获取用户的用电信息，从而收集了比以往粒度更细的海量电力消费数据，构成智能电网中用户侧大数据[7]。通过对数据进行分析可以更好地理解电力客户的用电行为[8]、合理地设计电力需求响应系统[9]和短期负荷预测系统[10]等。

鉴于大数据在电网中出现的场合越来越多，有必要对智能电网中的大数据的特点进行归纳，本章根据业务领域、数据结构、数据的来源，对数据特点进行了分类总结。电网业务数据大致分为三类：① 电网运行和设备检测或监测数据；② 电力企业营销数据，如交易电价、售电量、用电客户等方面的数据；③ 电力企业管理数据。

根据数据的内在结构，这些数据可以进一步细分为结构化数据和非结构化数据。结构化数据主要包括存储在关系数据库中的数据，目前电力系统中的大部分数据是这种形式，随着信息技术的发展，这部分数据增长很快。相对于结构化数据而言，不方便用数据库二维逻辑表来表现的数据即称为非结构化数据，主要包括视频监控、图形图像处理等产生的数据。这部分数据增长非常迅速，互联网数据中心（Internet data center，IDC）的一项调查报告指出：企业中 80%的数据都是非结构化数据，这些数据每年都按指数增长 60%[11]。在电力系统中，非结构化数据占到了智能电网数据的很大比重。

根据处理时限要求，结构化数据又可以划分为实时数据和准实时数据，比如电网调度、控制需要的数据是实时数据，需要快速而准确地处理；而大量的状态监测数据对实时性要求相对较低，可以作为准实时数据处理。

智能电网与传统电网存在很大的不同，具有更高的智能化水平，而实现智能化的前提是大量实时状态数据的获取，目前智能电网中的大数据主要是以下几个方面：

（1）为了准确实时获取设备的运行状态信息，采集点越来越多，常规的调度自动化系统含数十万个采集点，配用电、数据中心将达到百万甚至千万级[12]。需要监测的设备数量巨大，每个设备都装有若干传感器，监测装置通过适当的通信通道把这些传感器连接在一起，由变电站的数据收集服务器按照统一的通信标准上传到数据中心，这实际上构成了一个物联网。而物联网的后端采用云计算平台已被认为是未来的发展趋势。智能电网设备物联网同云计算平台的基础设施层互联，进行数据交换。

（2）为了捕获各种状态信息，满足上层应用系统的需求，设备的采样频率越来越高。比如在输变电设备状态监测系统中，为了能对绝缘放电等状态进行诊断，信号的采样频率必须在 200kHz 以上，特高频检测需要 GHz 的采样率。这样，对于一个智能电网设备监测平台来说，需存储的监测或检测的数据量十分庞大。

（3）为真实完整记录生产运行的每个细节，完整反映生产运行过程，要求达到"实时变化采样"[13]。

在智能电网中，大数据产生于电力系统的各个环节。

（1）发电侧。随着大型发电厂数字化建设的发展[14]，海量的过程数据被保存下来。这些数据中蕴藏着丰富的信息，对于分析生产运行状态、提供控制和优化策略、故障诊断以及知识发现和数据挖掘具有重要意义[15]。基于数据驱动的故障诊断方法被提出[16]，利用海量的过程数据，解决以前基于分析的模型方法和基于定性经验知识的监控方法所不能解决的生产过程和设备的故障诊断、优化配置和评价的问题。另外，为及时准确掌握分布式电源的设备及运行状态，需要对大量的分布式能源进行实时监测和控制[17]。为支持风机选址优化，所采集的用于建模的天气数据每天以 80%的速度增长[5]。

（2）输变电侧。2006 年美国能源部和联邦能源委员会建议安装同步相量监测系统（synchrophasor-based transmission monitoring systems）。目前，美国的 100 个相位测量装置（phasor measurement unit，PMU）一天收集 62 亿个数据点，数据量约为 60GB，而如果监测装置增加到 1000 套，每天采集的数据点为 415 亿个，数据量达到 402GB[18]。相量监测只是智能电网监控的一小部分。

（3）用电侧。为准确获取用户的用电数据，电力公司部署了大量的具有双向通信能力的智能电表，这些电表可以每隔 5min 的频率向电网发送实时用电信息。美国太平洋天然气电力公司（Pacific Gas & Electric）每个月从 900 万个智能电表中收集超过 3TB 的数据[19]。电动汽车的无序充放电行为会对电网运行带来麻烦，如果能合理安排电动汽车的充放电时间，则会对电网带来好处，变害为利，而前提是对基数很大的电动机车电池的充放电状态进行监测，也会产生大数据。

书中内容主要针对输变电环节中的设备监测数据展开，发电侧和用电侧的大数据应用请参考相关论文和书目。

二、电力设备监测的发展现状

目前国内电力设备的状态监测尚处于起步阶段，按设备分类构成各个单一的监测系统，彼此相互独立，形成信息孤岛。一个电力企业常常拥有多个不同的状态监测系统需要维护，服务器等硬件重复配置。这种状况不符合电力企业向统一数据平台整合的趋势。国家电网有限公司在"十一五"期间实施了"SG186 工程"，目标是建设统一的数据中心系统，将原来分散、孤立的数据资源集中存储、统一管理，建立完善、统一的报表与指标体系规范，有效改善指标多人维护、多重上报的问题，为各应用系统提供数据层集中服务的数据环境[20]。目前建设的这种系统的数据主要是从电力企业已有的业务系统（如生产 MIS 和营销系统）中抽取而来，采用 oracle 关系数据库，存储的数据主要是生产、营销和设备等的静态数据，一些电力系统的动态数据，如故障录波、设备绝缘状态信号和电能质量记录数据均还未接入，且这种海量的时序动态数据直接存入数据中心的关系数据库会占用过多的存储。因此，有必要研究动态时序数据的高效存储方法，为电网设备状态的在线监测系统以及下一代数据中心存储电网设备的动态信号提供理论支持和技术储备。

三、电力设备监测数据的特点

电力设备监测数据具备大数据所普遍具有的"4V"特征，即体量大（volume）、类型多（variety）、价值密度低（value）和变化快（velocity）。

（1）数据体量巨大。从 TB 级别，跃升到 PB 级别。常规 SCADA 系统 10 000 个遥测点，按采样间隔 3～4s 计算，每年产生 1.03TB 的数据（1.03TB=12 字节/帧×0.3 帧/s×10 000 遥测点×86 400s/天×365 天）；广域相量测量系统（WAMS）10 000 个遥测点，采样率可以达到 100 次/s，按上述公式计算，则每年产生 495TB 的数据。目前正在发展的直升机和无人机巡线技术所产生的红外、紫外视频信息，每年作业采集的数据量达 40TB。一个省级电力公司已有数字化变电站可达 200 座左右，每天产生的监测数据量可达百TB。随着监测系统规模的扩大，以及数据采样频率的提高，数据量还将成倍增加。若同时考虑环境、气象、地理信息等，则数据量更为庞大。

（2）数据类型繁多。电网数据广域分布、种类众多，包括实时数据、历史数据、文本数据、多媒体数据、时间序列数据等各类结构化、半结构化数据以及非结构化数据，各类数据查询与处理的频度和性能要求也不尽相同。比如，电力设备状态监测数据中的油色谱数据半个小时采样一次，而绝缘放电数据的采样速率高达几百 kHz，甚至 GHz。随着状态监测技术的发展和智能化设备类型与数量的增加，音视频等非结构化数据在数据中的占比进一步加大。此外，大数据应用过程中还存在着对电网系统运行环境相关数据（气象、地理、环境等）的大量关联分析需求，而这些都直接导致了数据类型的增加以及状态评估应用领域数据的复杂度。

（3）价值密度低。由于监测数据的第一个特征——"体量巨大"，导致了数据集肯定是有价值的，但是一个"大数据集"的价值有可能与一个"小数据集"的价值相当，因此该特点被称为价值密度低。以视频为例，连续不间断监控过程中，可能有用的数据仅仅有 1～2s。在输变电设备状态监测中存在同样问题，所采集的绝大部分数据都是正常数据，只有极少量的异常数据，而异常数据是状态检修的最重要依据。

（4）变化快。这个特点有 2 层含义：① 监测数据产生的速度很快，如前所述，由于采样率很高所致；② 对不断到达的监测数据，要求在短时间内对其进行数据加工和分析，也就是要求处理的速度快。在几分之一秒内对大量数据进行分析，以支持决策制定。对在线状态数据的处理性能要求远高于离线数据。这种在线的流数据分析与挖掘同传统数据挖掘技术有本质的不同[21]。监测数据在流式计算的场景下，数据的价值会随着时间的推移而逐渐降低。

另外，电网中对监测数据的处理，对数据质量也会有一定的要求，可以考虑为各类智能电网数据引入一个新的属性：数据的真实性。数据的真实性是指与特定类型数据相关的可靠性级别[5]。高质量数据对于数据分析结果的正确性有重要影响。然而即使最好的数据清洗方法也无法去除某些数据固有的不可预测性。承认不确定性需求，并将数据的真实性作为智能电网大数据的一个维度是可行的。

上述电网中监测数据的特点，给智能电网建设，尤其是输变电设备监测系统建设带来了新的挑战和机遇。国网信通公司成立了大数据团队应对智能电网建设中的大数据挑战问题[22]。IBM 收集并建模大数据，服务于智能电表分析、基于决策的运维、基于天气数据的风机选址、分配负荷预测与调度等各类能源行业与公用事业[5]。

第二节　电力设备监测数据存储和数据处理所面临的技术挑战

一、电力设备监测大数据技术挑战分析

目前电网规模增长迅速，电网结构也越来越复杂，信息化与电力生产深度融合，智能化电力一次设备和常规电力设备的在线监测都得到了较大发展并成为趋势，监测数据变得日益庞大，设备中进行获取与传输的监测数据成几何级增长。输变电设备在线监测系统在数据存储、查询和数据分析等方面面临巨大的技术挑战。如何对输变电设备监测大数据进行高效、可靠地存储，并快速访问和分析，是当前电力信息处理领域和大数据处理领域重要的研究课题。对电力设备监测大数据的特点和所面临的技术挑战分析如下。

（1）电力设备状态监测数据的规模非常巨大。从 TB 级别往 PB 级别发展。现阶段输变电设备以及输电线路的在线监测系统（局部放电、油色谱、线路覆冰监测、绝缘子泄漏电流、电站视频监测等）涉及的监测点数量多、数据采样率高、数据类型多样（结构化数据、非结构化数据），监测数据体量巨大。以一个省级电网公司为例，按照 10 000 套终端，每套终端每 1min 采集一次数据计算，每天产生数据总量约 2150GB，每年产生数据达到 760TB。目前，正在发展的直升机巡线所产生的红外、紫外视频信息，每年作业采集的数据量达 TB 级别。随着监测系统规模的升级，监测数据的体量还将成倍增长。在线监测系统的计算处理速度及响应时间受限于硬件性能，在发生电网故障情况下，短时间内大量数据若得不到及时处理，可能面临信息延迟甚至丢失的风险[23]。

（2）处理速度快。对海量的输变电设备监测历史数据进行离线分析处理的过程包括数据清洗、格式转换、信号去噪、特征提取、模式识别等，任何一个环节处理速度慢，都会成为应用系统的性能瓶颈。以利用 EMD 进行局部放

电信号分解为例，在单机环境下，对长度为 5000 点的局放信号完成 EMD 分解，大约需要 1min；如果对海量历史数据执行串行处理，速度将极其缓慢。因此，数据处理平台要能够提供并行化、高吞吐量、批处理的能力。除历史数据的离线分析处理外，其他的一些应用场景，包括：Ad Hoc 数据分析查询[24]、海量数据的在线服务[25]、监测大数据流式处理[26]等，都对系统的数据处理速度提出挑战。

（3）数据存储与处理平台的架构。如何根据输变电设备监测大数据的特点和应用需求，选择、组合、合理利用现有大数据技术（Hadoop、Spark、多核计算、云计算等）构建高可靠性及高可用性的分布式存储与计算平台，并利用并行计算技术（MapReduce、MR^2、MPI 等），满足海量历史数据查询分析、数据挖掘、在线服务等各类计算任务性能需求，助力电力大数据价值释放极具挑战性。

（4）多源异构数据的关联分析。在输变电设备监测大数据应用中，需要对多源监测数据进行关联分析，也需要对气象、环境等电网系统外数据与监测数据进行关联分析。由于关联分析涉及的数据体量巨大，传统的基于关系数据库和数据仓库的表连接查询、表关联分析方法，以及传统的基于单机环境的统计分析算法、模式识别算法在执行效率方面无法满足"数据密集型"大数据应用系统的性能要求。这种需求对数据的存储模式、数据的分布策略以及算法执行的性能提出挑战。

（5）时空属性。监测数据采样值具有时间属性，监测装置节点具有地理位置属性（空间属性）。对监测数据的查询不仅局限于按照设备关键字、采集时间进行查询，还可以基于更加复杂的条件约束进行多条件查询。例如，根据用户指定的某个地理区域（经纬度范围），查询区域内监测装置在指定时间范围里的监测数据，绘制趋势曲线，完成统计分析等。

（6）价值密度低。以电站视频监测数据为例，连续监测的视频流中，有用的数据可能仅有几秒钟。传统的电力设备状态评估方法中，只对异常数据关注、处理和采用，而丢弃所谓"正常数据"。然而大量的正常数据，或者介于正常和异常之间的临界状态的数据，也可能成为故障分析判断的重要依据。

面对上述挑战，常规的数据存储与管理方法大都构建在大型服务器、磁盘阵列（存储硬件）以及关系数据库系统（数据管理软件）上，系统扩展性差、访问性能低下、成本高，在存储和处理监测大数据时遇到了极大的困难。

鉴于高速光纤数据网和无线传输已在电力行业广泛普及，在下一代电力设备远程监测系统中，监测装置的数据处理和分析的大部分工作应当上移至监测中心，这样一方面可降低监测装置的资源配置，另一方面便于监测数据处理和分析软件的更新。下一代电力设备远程监测系统需要获取和传输数据的主流应当是原始监测数据，不仅包括设备异常时出现的各类异常报警数据和定时监测的数据，还应该有某些重要参数的连续监测数据，如发电机的振动信号、变压器和 GIS 设备的放电数据、以及一些设备的视频数据等。

综上所述，电力设备在线监测数据具备了大数据所拥有的体量大、类型多、变化快（动态）和价值密度低（大量数据涉及正常状态，有用数据少）的种种特征，适用于新兴的大数据存储与处理技术。

二、云计算技术在电力系统中的应用现状与问题分析

云计算作为一种新兴的计算模式，将数据存储和处理任务分布在由大量服务器所构成的资源池上，根据用户需求提供存储空间、计算能力以及信息服务[27]。云计算通过虚拟化、海量分布式数据存储、并行编程模型等技术，可以有效地解决海量数据的存储和大数据的并行计算问题。目前，云计算正在向行业应用发展。《中国云计算产业发展白皮书》[28]中指出，在未来几年，教育、医疗、电信、金融、政府、石油以及电力行业都将成为云计算应用的重点。

在众多云计算技术中，Apache Hadoop 项目[29]包含的 Hadoop 分布式文件系统[30]（Hadoop Distributed File System，HDFS）和并行编程框架 Hadoop MapReduce[31]专长于大数据的分布式存储和并行处理，适合运行"数据密集型"应用程序，目前已应用于 Facebook、雅虎等互联网公司的大数据处理中[32~34]，这为解决电力设备监测大数据存储与处理提供了一种新的思路，其优势和技术特点主要包括：

（1）Hadoop 非常适合对实时性要求不高的历史数据进行批量分析和计算。Hadoop 是典型的，具有代表性的大数据批处理系统，其 HDFS 文件系统提供了高可靠性和可方便横向扩展的存储能力，适合海量历史数据的可靠存储；Hadoop 提供的 MapReduce 并行技术适合对存储在 HDFS 上的历史数据进行的批量分析，如：数据清洗、格式转化、信号去噪、特征提取、模式识

别等。

（2）MapReduce 相对传统并行计算框架，如 MPI 等，简单易用，屏蔽了大量底层通信细节，使用户可以专注于系统业务逻辑开发。

（3）Hadoop 提供了完整的生态系统，为系统开发提供了多层次的支撑。Hadoop 提供的 HBase[35]非关系型数据库，适合存储结构化、半结构化以及非结构化数据，并提供在线查询的低延迟性能，非常适合电力设备监测数据（采样数据，时序波形信号）的存储和在线查询。在 MapReduce 上层，提供了 Hive[36]、Pig[37]等高级查询分析工具，支持使用类 SQL 语言进行历史数据的查询分析，比使用 MapReduce 编程更简洁。

虽然 Hadoop 是较为通用的平台，但在应用于电力设备监测系统时，仍有许多具体的应用问题需要考虑，包括：

（1）HDFS 存储数据时所采用的机架感知策略仅从提高可靠性的角度对多数据副本进行随机分布。在进行多源监测数据关联分析时，将相关的数据聚集在一起会引起数据节点间大量的通信，导致计算任务执行缓慢。站在应用层的角度考虑，监测数据之间可能具有较强的相关性，相关的数据会在同一个计算任务中使用，比如同一条输电线路上导线两端的张力、三相的电流值，具有较强的相关性。如果能够根据数据间的相关性设计数据分布策略，就有可能减少数据使用时在节点间的迁移，从而有助于提升计算性能。

（2）Hadoop 的分布式结构化数据表 HBase 采用"key-value"模式，按照主关键字对数据进行分布组织和查询处理。这种方法无法有效地支持多条件查询处理[38]。

（3）MapReduce 编程框架提供了简易、方便的并行程序开发接口，其并行模式是"数据并行"，而并非"功能并行"，需要根据具体计算任务的特点，分析其是否适合采用 MapReduce 实现并行。

（4）系统的可靠性、可用性和维护。自建的 Hadoop 平台大都构建在局域网内，且没有进行 Web Service 的封装，不能通过 Internet 访问；没有专人维护，停电、服务器宕机、硬盘故障、交换机宕机等各类硬件故障都会导致系统不可用。虽然 Hadoop 默认采用 3 副本策略进行数据备份，但自建系统规模较小，所有服务器均在同一个机架下，可靠性会大打折扣。

（5）Hadoop 只擅长对海量历史数据的批量分析。批处理任务执行过程中存在大量的磁盘 I/O 操作，任务通常在分钟级，甚至小时级内完成，对于实时性要求较高的在线服务，不能满足实时性要求[39]。例如，对实时到达的监测数据进行在线特征提取和模式识别，并在秒级内计算出识别结果。

因此，简单应用 Hadoop 或者仅依赖 Hadoop 一种技术，不能胜任电力设备监测大数据存储和分析计算的各类需求，需要针对具体应用的特点，优化配置、改进 Hadoop，并综合利用多种大数据处理技术，满足海量历史数据批量处理、在线查询、实时数据分析等各类应用需求。

面对实时性要求较高的应用场景，Apache Spark 云平台能够提供良好的实时内存处理环境[40]。Spark 最初源于加州大学伯克利分校的 APMLab 实验室，于 2014 年 2 月成为 Apache 孵化器顶尖项目之一，是一套更具泛用性的分布式计算平台，与 Hadoop 相兼容并且支持流计算、图计算、SQL 访问等多种计算模式。Spark 适合完成对实时性要求较高的批处理任务，与 Hadoop 配合使用，形成优势互补。

在平台建设方面，自建的 Hadoop 平台或者 Spark 平台，前期都需要投入大量的资金采购硬件，搭建集群。系统存储容量和计算能力受限于集群规模，自动升级困难，系统扩展性、服务可用性和可维护性较差。

阿里云的大数据计算服务 MaxCompute 提供了弹性伸缩、按量租用的针对 TB/PB 级数据的分布式处理能力，可以弥补自建平台在扩展性方面的不足，其主要技术特点是：存储容量大，可达 PB 级；弹性伸缩，平台为某次计算任务分配的计算能力随数据规模的增长而增长，保持算法执行时间的平稳。MaxCompute 为用户提供一种便捷的分析处理海量数据的手段。使用户可以不必关心分布式计算细节，从而达到分析大数据的目的。MaxCompute 已经在阿里巴巴集团内部得到大规模应用，例如，大型互联网企业的数据仓库和 BI 分析、网站的日志分析、电子商务网站的交易分析、用户特征和兴趣挖掘等。

综上所述，面对电力设备监测大数据处理的技术挑战和应用问题，本书的研究成果应用了 Hadoop、Spark、MaxCompute 等多种大数据处理技术，开展了电力设备监测大数据存储优化、分布策略、并行信号处理、并行数据特征提取、并行模式识别等方面的研究，下面对这些问题的相关技术研究现状和存在的问题进行分析。

第三节　电力设备监测数据存储和数据处理的研究现状

一、监测系统的存储软件和监测平台架构

目前，已有的电力设备在线监测装置大多都是针对某设备参数监测开发的，如充油设备的油中溶解气体在线监测、变压器/GIS 的局部放电在线监测、交流电缆泄漏电流及温度的在线监测等。为便于不同厂家的监测装置能够统一接入同一个监测系统，国家电公司陆续颁布了十余个技术规程和通信协议，并在很多省公司建立了电力设备状态监测中心[41]。由于监测中心在接入不同监测对象、不同规格的在线监测和手持检测装置的众多不同类型的数据方面遇到了困难，目前的监测平台大多都采用 Web Service 实现这些数据的集成[42~44]。这种方式降低了集成难度，但难以达到电力企业所期望的准实时性要求，故目前监测平台仅能接收监测装置的"熟数据"，如一次设备绝缘放电电流波形信号须在监测装置处被处理成放电次数、峰值和平均放电电流后方能上传[45]，这样就丢失了大量的频谱信息。

电力设备状态在线监测主站系统目前普遍采用企业级关系数据库进行数据存储[46]。关系型数据库被设计为按行存储的模式，目标是支持数据记录和事务处理（online transaction process，OLTP），逻辑存储模式严格遵从各范式要求，擅长增长速度慢、静态、关联性强的数据存储和查询。面对动态快速增长、海量的监测数据，关系数据库的装载和查询性能较差，而自身所擅长的优势又无用武之地，因此不能很好的适应电力设备监测大数据的存储和处理需求。

并行数据库技术[47]大都采用了关系数据模型，以集群的方式来支持结构化数据的存储与处理，提供了并行执行 SQL 查询的能力。虽然查询效率会有所提升，但并行数据库技术的主要问题在于系统的弹性较差，对集群规模的增长或者收缩，都需要付出很大的代价；并行数据库的另外一个主要问题在于系统的容错性较差，系统大都只提供了事务级别的容错能力，如果在查询过程中个别节点出现故障，则整个查询任务需要从头开始，因此，并不适合在大规模

集群进行海量数据查询。

面对电力设备监测数据规模和处理压力的剧增，现有常规的数据存储和管理方法遇到了极大的困难。一些文献研究了基于分布式集群技术和云计算技术的解决方案。文献［23］针对智能电网调度控制系统信息规模及处理压力剧增的情况，分析了通用集群技术在智能电网调度控制系统中的适用性，并提出了超大规模电网调度控制系统集群化总体架构，但并未讨论分布式存储模式、计算任务分解、数据并行方式等具体存储和计算细节。文献［48］在分析智能电网对信息存储和管理需求的基础上，基于 Hadoop 技术，提出了智能电网状态监测云计算平台的解决方案，但只给出了平台的系统结构设计，并未建立原型系统。文献［49］阐述了电力系统云计算中心的概念、系统特点以及建设目标，并给出了仿真电力系统云计算中心的系统架构。文献［50］针对监测大数据，设计实现了基于云计算的服务体系架构，但侧重于软件体系结构的设计和使用 REST API 的服务接口设计，并未讨论分布式存储模式和算法并行化方面的内容。文献［51］分析了未来智能电网控制中心面临的挑战，认为物联网和云计算技术结合与应用将成为新型控制中心的技术支撑。文献［52］为解决广域测量系统（WAMS）数据冗余、处理效率低等问题，设计并实现了基于 HDFS 的 WAMS 数据存储方法，但未对 HDFS 的存储进行针对性的优化。文献［53］针对现有电力数据仓库在存储、查询和分析性能方面的不足，提出了基于 Hive 的电力设备状态信息数据仓库，主要侧重于基于 HiveQ 查询语言的历史数据的查询。文献［54］分析了电力行业生产、运营、营销、管理等各环节业务需求，对电力大数据高速存储及检索关键技术进行了讨论和分析，但不涉及模型和系统实现。文献［55］以 Hadoop 为平台提出了一种新的基于云计算环境的海量大数据存储设计方法，但并未涉及电力设备监测数据，没有考虑根据业务数据的特点和从提高数据处理效率的角度进行存储优化。

综上，传统的关系型数据库和集中式的存储系统不能满足大规模、高并发读写、要求快速访问的监测大数据的存储需求。云计算技术能实现大数据的并行处理和可靠存储[56]。与传统集群相比，云计算提高了灾难恢复的能力和连接的灵活性[57]，更加适合作为电力设备监测的运行平台。但相关研究内容主要集中在系统架构设计、实现思路和前景展望等方面，已完成原型系统和实验的研究成果大多是对现有云计算和大数据处理技术的简单应用，云计算技术在电力行业的应用研究还有待进一步深入。

二、时序波形信号监测数据的存储方法

在电网众多的电力设备监测数据中，时序波形信号的数据占有量很大。目前已有的在线监测装置大多对波形信号就地处理，再将处理后的"熟数据"（宏观特征等）上传到监测中心。但从工业监测领域的发展趋势来看，下一代电力设备监测系统获取、传输和存储的主流应当是原始监测波形数据，例如，美国通用电气公司（GE）近期对监测装置的存储和处理能力进行弱化，同时提升监测中心存储处理能力，存储了众多汽轮发电机组的原始监测数据，有利于上层应用软件的及时更新[58]。因此，有必要对时序波形信号的存储方法进行研究。

时序波形信号是一种典型的时间序列数据，存储方式灵活多样。已有文献大多基于内存数据库研究时间序列数据模式的分析和提取，用于匹配或预测[59, 60]。在时间序列数据的存储方面，文献［61］提出以天为单位，对采样数据按照不同的查询指标建立多层文件系统分别存储，以满足存储速度的要求，但并未解决存储容量的问题。文献［62］针对传统数据库在数据快速增长、频繁更新情况下数据查询效率低下的问题，提出采用 MYSQL 集群构建分布式的数据库系统架构，但并不能很好地解决系统扩展性和数据可靠性的问题。文献［63，64］研究了时域和频域下时间序列数据的压缩存储方法，使系统可以存储更多的数据。一些压缩存储方式虽然支持直接对压缩数据进行查询，但查询性能较差。文献［65］研究了大规模电能质量时间序列数据的存储与处理方法，但其采用的方法是通过降低采样率的方式实现的，只适合对采样率要求较低的系统。文献［66］设计了一种基于特征描述的时间序列数据的结构化建模方法，但设计目标是将时间序列数据存储到关系表中，不能满足监测大数据的存储需求。文献［67］基于 MooseFS 分布式文件系统设计实现了大规模时间序列数据存储系统，但其研究目的主要是用于对 RRDtool 时间序列数据库的性能改进。文献［68］以 PQDIF 文件格式保存电能质量数据，并基于 HDFS 设计实现了海量 PQDIF 文件的可靠存储。文献［69］基于 SAN、NAS 和 HDFS 设计了海量雷电监测数据的云存储方法，但并未讨论监测数据具体的存储模式和存储优化方法。

综上，传统的基于单机文件系统、关系型数据库的时间序列数据的存储方法，不易满足电力设备监测数据采样率高（数据量大），快速更新（频繁插入），数据处理速度快等存储和处理需求。虽有基于 Hadoop 的存储方案，但只是对 HDFS 的简单、直接应用，并未涉及 HDFS 的存储优化。利用先进的云存储技术（HDFS、MaxCompute 等），并根据上层应用的需要，进行合理的配置和优化，是解决电力设备监测大数据存储问题的有效途径。

三、电力设备监测数据的并行分析和快速处理

传统集中式的数据存储架构使计算与数据分离，计算过程中会形成大量数据迁移，存储节点易发生单点故障，易成为系统性能瓶颈。以 Hadoop 为代表的大数据技术大都采用分布式存储方案，并实现了并行化的"就地计算"（数据存储和数据处理在同一个数据节点上），数据处理能力显著提升，在商业、互联网、生物计算等众多领域得到广泛应用。

目前，与互联网等领域的应用相比，云计算和大数据处理技术在电力行业的应用研究还有待进一步深入。但也有少量文献研究利用云计算技术解决电力系统中的具体问题。文献［70］针对电能质量监测数据海量化问题，基于 Hadoop 大数据技术设计实现了一种层次化的电压暂降并行计算方法，以提高计算效率。文献［71］针对智能配电网的海量数据集，基于 MapReduce 框架设计实现了变断面量测数据的并行化无损压缩。文献［72］针对电力系统智能化带来的数据海量化、高维化的问题，采用 MapReduce 框架设计实现了并行化的极限学习机，用于短期电力负荷预测。文献［73］针对海量用户侧电力数据（智能电表数据），利用 MapReduce 设计了并行化的数据分析和负荷预测。文献［74］基于 MapReduce 框架设计实现了并行化的贝叶斯分类器，用于变压器的故障诊断，诊断速度高于传统单机环境下的诊断速度。

在国外，云计算的应用相对深入，已有实现并运行的实际系统。文献［75］设计了用于实时数据流管理的智能电网数据云模型，并基于该模型实现了一个实时数据的智能测量与管理系统。Cloudera 公司设计并实施了基于 Hadoop 平台的智能电网在田纳西河流域管理局（Tennessee Valley Authority，TVA）上的项目[76]，帮助美国电网管理了数百 TB 的 PMU 数据，突显了

Hadoop 高可靠性以及价格低廉方面的优势；基于该项目的 superPDC 进一步推动了大规模量测数据分析处理的能力，为电网中各类时序数据的处理提供了通用平台。美国通用电气公司（GE）为监测本公司生产的汽轮机的远程运行情况，过去采用监测数据就地处理再向远方监测中心传递处理后的精简数据。随着监测对象的增加，这种监测方式暴露出监测中心不能主动访问监测装置的监测数据、难以增设新功能、不能使用新的存储与分析技术、不能对众多设备进行较为全面的宏观分析等问题，最近几年该公司转向将全球 1500 台汽轮机传感数据直接上传的集中监测方式，使用内存数据网格等技术存储当前到达的监测数，并对大量时间序列数据快速分析，达到了每秒收集处理 10 万个采样点数据量的速度。该公司的下一步研究计划就是使用 Storm 平台实现每秒处理数千到数百万个采样点数据量[77]。日本 Kyushu 电力公司基于 Hadoop MapReduce 实现了海量用电数据的并行分析[78]，并在此基础上开发了多种批处理应用软件。

综上所述，已发表的研究成果大多是基于 Hadoop 平台，对 HDFS、HBase、MapReduce 以及 Hive 等技术的直接应用，少见针对电力设备监测数据的特点和具体应用问题，对 Hadoop 进行优化和改进的报道。HDFS 存储数据时所采用的机架感知策略仅从提高可靠性的角度对多数据副本进行随机分布，未考虑数据的相关性；HDFS 默认按照 64MB 的数据块大小对数据文件进行划分，可以针对电力设备监测数据的特点修改数据块规模，以提高 HDFS 访问性能；Hadoop 默认将所有数据节点放在一个机架中，这将影响 HDFS 的数据读取性能。

另外，Hadoop 平台专长于海量历史数据分析，虽然提供了高吞吐量，但响应时间通常在若干分钟至小时级，不能满足实时性要求较高的应用场景。Apache Spark 是一个专门面向实时分布式计算任务的项目，Spark 适合完成对实时性要求较高的批处理任务，可与 Hadoop 配合使用，形成优势互补。在平台搭建方面，自建大数据处理平台普遍存在服务可用性差、数据可靠性低、系统可维护成本高等系列问题，严重影响应用效果。因此，简单应用 Hadoop 或者仅依赖 Hadoop 一种技术，不能胜任电力设备监测大数据存储和分析计算的各类需求。

针对上述问题，本书下面章节的内容，从监测数据分布策略、数据块尺寸调优等方面进行了 Hadoop 存储优化的研究，以提升上层并行计算任务的执行性能。基于分布式高性能计算框架 Spark，在阿里云 E-MapReduce 平台上开展电力设备监测大数据实时模式识别方法的研究，以弥补 Hadoop 在计算实时性方面的不足；尝试利用阿里云大数据计算服务（MaxCompute）存储并加速电力设备监测大数据分析过程，并与自建数据处理平台的存储和并行计算性能进行对比分析。

四、电力设备监测数据的流式计算

当前，大数据的主要计算模式包括：批量计算（batch computing）和流式计算（stream computing）。批量计算和流式计算分别适用于不同的大数据应用场景。其中批处理计算模式首先将数据存储起来，然后再对存储的静态数据进行离线集中计算。而流式计算是在内存中，对不断到达的在线数据直接计算，不累积数据，由事件触发，适用于对实时响应要求更高的场景。流式计算与生产系统结合更为紧密，能够快速反映系统的状态，并及时发现存在的问题。通常流式计算模式可以用图 1-1 表示。

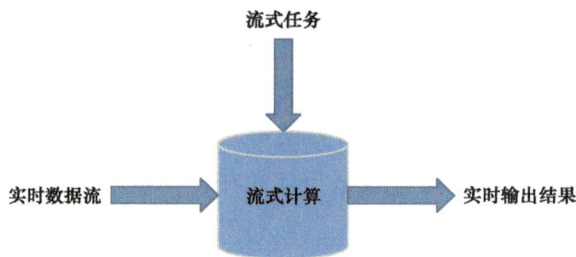

图 1-1　流式计算模型

不同于批量计算模型，流式计算更加强调计算数据流和低时延，流式计算数据处理过程如下[79]：

（1）使用实时数据集成工具，将数据实时变化传输到流式数据存储（即消息队列，如 Kafka）；此时数据的传输变成实时化，将长时间累积大量的数据平摊到每个时间点不停地小批量实时传输，因此数据集成的时延得以保证。数据将源源不断写入流数据存储，不需要预先加载的过程。同时流计算对于流式数据不提供存储服务，数据持续流动，在计算完成后就立刻丢弃。

（2）在数据计算环节，流式和批量处理模型差距更大。由于数据集成从累积变为实时，不同于批量计算等待数据集成全部就绪后才启动计算作业，流式计算作业是一种常驻计算服务，一旦启动将一直处于等待事件触发的状态，一旦有小批量数据进入流式数据存储，流计算立刻计算并迅速得到结果。从使用者角度，对于流式作业，必须预先定义计算逻辑，并提交到流式计算系统中。在整个运行期间，流计算作业逻辑不可更改。使用者通过停止当前作业运行后再次提交作业，此时之前已经计算完成的数据是无法重新再次计算的。

（3）批量计算结果数据需等待数据计算结果完成后，再将数据传输到在线系统，如关系型数据库中；流式计算作业在每次小批量数据计算后可以立刻将数据写入在线/批量系统，无需等待整体数据的计算结果，可以立刻将数据结果投递到在线系统，从而实现了实时计算结果的实时展现。

流式计算目前在电力系统中的应用成果报道较少，尚处于应用的初级阶段，已有的一些研究成果大都是在实验阶段取得的。文献［80］对近年来在电力系统中出现的大规模数据流进行了探讨，并利用流式计算技术提高系统的实时性，针对大规模用电信息采集中用电数据流应用 Spark streaming，基于用电行为在纵向时间和横向空间上表现出的聚类特性，设计并实现了流式 DBScan 聚类算法，实现了对大规模用电数据流的快速异常检测，搭建了一个数据流处理的实验环境。文献［81］基于阿里云数据平台，以 Stream Compute 为核心，综合应用 IOT 套件、DataHub、RDS 和 DataV 实现了电力设备监测数据的实时采集、数据加工、时频分析和数据可视化展示，整体计算延时达到秒级。文献［82］针对智能电网大数据流特点，提出了一种大数据的实时流处理框架，可以实现数据收集、缓冲和流式计算，可以用于电力设备状态监测、异常检测以及用电数据分析等方面。该文献通过采集系统节点监听数据源变化并实时收集数据，利用消息订阅模式对数据进行缓冲，解决数据采集与流式计算速度不一致的问题，并提出一种基于 Storm 的状态监测数据流滑动窗口处理方法，能够在规定时间内分批处理监测数据流。文献［83］针对智能电网广域测量系统数据的安全问题和 WAMS 数据特点，设计了 WAMS 数据存储系统，并在此系统之上应用 Storm 分布式实时计算平台设计了流式的 AES 算法，将加密过程分为数据接入、快速并行数据加密及加密结果云存储等几个过程，并在 Storm 预定义的编程组件中进行了编程实现。

参 考 文 献

［1］Xi Fang，Satyajayant Misra，Guoliang Xue，et al. Smart Grid，the new and improved power grid：a survey ［J］. IEEE Communications Surveys and Tutorials（COMST），2012，14（4）：944－980.

［2］张文亮，汤广福，查鲲鹏，等. 先进电力电子技术在智能电网中的应用 ［J］. 中国电机工程学报，2010，30（4）：1－7.

［3］李国杰. 大数据研究的科学价值 ［J］. 中国计算机学会通讯，2012 8（9）：8－15.

［4］Divyakant Agrawal，Philip Bernstein，Elisa Bertino，et al. Challenges and opportunities with big data ［J］. Proceedings of the VLDB Endowment，2012，5（12）：2032－2033.

［5］IBM corporation Software Group. IBM big data overview for energy and utilities ［EB/OL］. 2011. 6. http：//www－01. ibm. com/software/tivoli/solutions/industry/energy-utilities/.

［6］McKinsey Global Institute. Big data：the next frontier for innovation，competition，and productivity ［R］. 2011.

［7］Peijian Wang. D-Pro：Dynamic Data Center Operations With Demand-Responsive Electricity Prices in Smart Grid ［J］. IEEE Transactions on Smart Grid，2012，3（4）：1743－1754.

［8］周晖，钮文洁，王毅. 从缴费行为分析电力客户的信用度 ［J］. 电力需求侧管理，2006，8（6）：12－16.

［9］Conejo A J，Morales J M，Baringo L. Real-time demand response model ［J］. IEEE Transactions on Smart Grid，2010，1（3）：236－242.

［10］牛东晓，谷志红，邢棉，等. 基于数据挖掘的 SVM 短期负荷预测方法研究 ［J］. 中国电机工程学报，2006，26（18）：6－12.

［11］谢华成，陈向东. 面向云存储的非结构化数据存取 ［J］. 计算机应用. 2012，32（7）：1924－1928，1942.

［12］李锋，谢俊，兰金波，等. 智能变电站继电保护配置的展望和探讨 ［J］. 电力自动化设备，2012，32（2）：122－126.

［13］江苏瑞中数据股份有限公司. 海迅实时数据库助力智能电网建设 ［EB/OL］. 2011. 5 ［2013. 2］. http：//hvdc. chinapower. com. cn/membercenter/sitebuild4/content. asp.

［14］侯子良，潘钢. 建设数字化电厂示范工程加快火电厂信息化进程 ［J］. 中国电力，2005，38（2）：78－80.

[15] 李晗，萧德云. 基于数据驱动的故障诊断方法综述 [J]. 控制与决策，2011，26 （1）：1－16.

[16] 周东华，胡艳艳. 动态系统的故障诊断技术 [J]. 自动化学报，2009，35（6）：748－758.

[17] Pregelj A，Begovic M，Rohatgi A. Quantitative techniques for analysis of large data set in renewable distributed generation [J]. IEEE Trans on Power Systems，2004，19 （3）：1277－1285.

[18] Versant. NoSQL and the smart grid big data challenge [EB/OL]. 2012. 8 [2013.2]. http：//www. greentechmedia. com/articles/read/versant-nosql-and-the-smart-grid-big-data-challenge/.

[19] David Kligman. PG&E's Austin kicks off conference on dealing with smart grid data [EB/OL]. 2012. 8 [2013.2]. http：//www. pgecurrents. com/2012/08/14/pg-topic-is-dealing-with-data-that-comes-with-smart-grid/.

[20] 国家电网公司数据中心 SG186 工程. http：//solution. chinabyte. com/126/ 8620126_1. shtml.

[21] 金澈清，钱卫宁，周傲英. 流数据分析与管理综述 [J]. 软件学报，2004，5（8）：1172－1181.

[22] 国网信通有限公司. 信通公司举办大数据开启智能电网新时代研讨会 [EB/OL]. 2012. 7 [2013.2]. http：//www. sgit. sgcc. com. cn/ newzxzx/gsxw/07/277345. shtml.

[23] 孙名扬，高原，严亚勤，等. 智能电网调度控制系统集群化技术 [J]. 电力系统自动化，2015，39（1）：31－35.

[24] Wolfe J. Ad Hoc Query：a reusable database access capability [A]. Proceedings of the eleventh annual Washington Ada symposium & summer ACM SIGAda meeting on Ada [C]. ACM，1994：17－27.

[25] 黄彦浩，于之虹，史东宇，周孝信. 基于海量在线历史数据的大电网快速判稳策略 [J]. 中国电机工程学报，2016，36（3）：596－603.

[26] Silva J A，Faria E R，Barros R C，et al. Data stream clustering：A survey [J]. ACM Computing Surveys（CSUR），2013，46（1）：13.

[27] Armbrust M，Fox A，Griffith R，et al. A view of cloud computing [J]. Communications of the ACM，2010，53（4）：50－58.

［28］ 赛迪顾问股份有限公司. 中国云计算产业发展白皮书（摘录）［N］. 中国计算机报，2011.

［29］ White T. Hadoop：The definitive guide［M］. O'Reilly Media，Inc，2012：260－261.

［30］ Shvachko K，Kuang H，Radia S，et al. The hadoop distributed file system［A］. 2010 IEEE 26th Symposium on Mass Storage Systems and Technologies［C］. IEEE，2010：1－10.

［31］ Dean J，Ghemawat S. MapReduce：simplified data processing on large clusters［J］. Communications of the ACM，2008，51（1）：107－113.

［32］ Cooper B F，Baldeschwieler E，Fonseca R，et al. Building a cloud for yahoo!［J］. IEEE Data Eng. Bull.，2009，32（1）：36－43.

［33］ Fadika Z，Govindaraju M，Canon R，et al. Evaluating hadoop for data-intensive scientific operations［A］. 2012 IEEE 5th International Conference on Cloud Computing（CLOUD）［C］. IEEE，2012：67－74.

［34］ Lu H，Hai-Shan C，Ting-Ting H. Research on Hadoop Cloud Computing Model and its Applications［A］. 2012 Third International Conference on Networking and Distributed Computing（ICNDC）［C］. IEEE，2012：59－63.

［35］ Vora M N. Hadoop-HBase for large-scale data［A］. 2011 international conference on Computer science and network technology（ICCSNT）［C］. IEEE，2011，1：601－605.

［36］ Thusoo A，Sarma J S，Jain N，et al. Hive：a warehousing solution over a map-reduce framework［J］. Proceedings of the VLDB Endowment，2009，2（2）：1626－1629.

［37］ Olston C，Reed B，Srivastava U，et al. Pig latin：a not-so-foreign language for data processing［A］. Proceedings of the 2008 ACM SIGMOD international conference on Management of data［C］. ACM，2008：1099－1110.

［38］ 宫学庆，金澈清，王晓玲，等. 数据密集型科学与工程：需求和挑战［J］. 计算机学报，2012，35（8）：1563－1578.

［39］ Markovic D S，Zivkovic D，Branovic I，et al. Smart power grid and cloud computing［J］. Renewable and Sustainable Energy Reviews，2013，24：566－577.

［40］ Zaharia M，Chowdhury M，Das T，et al. Fast and interactive analytics over Hadoop data with Spark［J］. USENIX；login，2012，37（4）：45－51.

［41］ 阮羚. 湖北电网输变电设备状态监测中心构建与应用［J］. 湖北电力，2010，34

（S1）：26-28.

［42］郭志民，王国栋，许长清.输变电设备状态监测系统的部署和应用［J］.河南电力，2011，03：12-16.

［43］张亨瑞.基于面向服务架构的输电线路状态监测系统的应用［J］.水电能源科学，2012，30（7）：176-180.

［44］浙江嘉兴供电公司.变电设备状态监测管理中心平台系统技术设计［EB/OL］.（2012-11-12）. http：//wenku. baidu. com/view/09552083b9d528ea81c77923. html.

［45］Q/GDW 739—2012，输变电设备状态监测主站系统变电设备在线监测 I1 接口网络通信规范［S］.北京：国家电网公司，2012.

［46］谢善益，杨强，王彬，周刚.开放式输变电设备状态监测信息平台设计与实现［J］.电力系统保护与控制，2014，42（23）：125-130.

［47］Rao J，Zhang C，Megiddo N，et al. Automating physical database design in a parallel database［A］. Proceedings of the 2002 ACM SIGMOD international conference on Management of data［C］. ACM，2002：558-569.

［48］王德文，宋亚奇，朱永利.基于云计算的智能电网信息平台［J］.电力系统自动化，2010，34（22）：7-12.

［49］沐连顺，崔立忠，安宁.电力系统云计算中心的研究与实践［J］.电网技术.2011，35（6）：170-175.

［50］Singh S，Liu Y. A cloud service architecture for analyzing big monitoring data［J］. Tsinghua Science & Technology，2016，21（1）：55-70.

［51］王广辉，李保卫，胡泽春，等.未来智能电网控制中心面临的挑战和形态演变［J］.电网技术，2011，35（8）：1-5.

［52］曲朝阳，朱莉，张士林.基于 Hadoop 的广域测量系统数据处理［J］.电力系统自动化，2014，37（4）：92-97.

［53］王德文，肖凯，肖磊.基于 Hive 的电力设备状态信息数据仓库［J］.电力系统保护与控制，2013，41（9）：125-130.

［54］杨德胜，陈江江，张明.电力大数据高速存储及检索关键技术研究与应用［J］.电子测试，2014（3）：62-63.

［55］费贤举，王树锋.基于云环境下的海量大数据存储系统设计［J］.计算机测量与控制，2014，22（7）：2259-2261，2273.

［56］分布式计算、并行计算及集群、网格、云计算的区别［EB/OL］.（2012 - 04 - 08）. http：//www. docin. com/p-673879014. html.

［57］David Strom. How cloud computing kills clustering［EB/OL］.（2011 - 4）［2015 - 2 - 10］. http：//searchcloudcomputing. techtarget. com/feature/How-cloud-computing-kills-clustering.

［58］Williams J W，Aggour K S，Interrante J，et al. Bridging high velocity and high volume industrial big data through distributed in-memory storage & analytics［A］. 2014 IEEE International Conference on Big Data［C］. IEEE，2014：932 - 941.

［59］Gaber M M，Zaslavsky A，Krishnaswamy S. Mining data streams：a review［J］. ACM Sigmod Record，2005，34（2）：18 - 26.

［60］Domingos P，Hulten G. Mining high-speed data streams［A］. Proceedings of the sixth ACM SIGKDD international conference on Knowledge discovery and data mining［C］. ACM，2000：71 - 80.

［61］陈志诚，魏军，曾斌. 基于文件的高速采样数据存储系统设计［J］. 武汉理工大学学报（信息与管理工程版），2006，28（8）：72 - 74，90.

［62］朱红霞，黄晓. 光传输网管海量数据存储访问研究［J］. 光通信研究，2011，06：19 - 21，51.

［63］Reeves G，Liu J，Nath S，et al. Managing massive time series streams with multi-scale compressed trickles［J］. Proceedings of the Vldb Endowment，2009，2（1）：97 - 108.

［64］朱永利，翟学明，姜小磊. 绝缘子泄漏电流的自适应 SPIHT 数据压缩［J］. 电工技术学报，2011，26（12）：190 - 196.

［65］王学伟，王琳，苗桂君，等. 暂态和短时电能质量扰动信号压缩采样与重构方法［J］. 电网技术，2012，36（3）：191 - 196.

［66］刘城成. 时间序列数据建模与存储研究［D］. 武汉，华中科技大学，2007.

［67］王建光. 大规模时间序列数据存储系统的研究与实现［D］. 武汉，华中科技大学，2013.

［68］曲广龙，杨洪耕，张逸. 采用 Map-Reduce 模型的海量电能质量数据交换格式文件快速解析方案［J］. 电网技术，2014，38（6）：1705 - 1711.

［69］张启明，周自强，谷山强，等. 海量雷电监测数据云计算应用技术［J］. 电力系统自动化，2012，36（24）：58 - 63.

［70］齐林海，艾明浩. 一种基于云计算的电压暂降并行计算方法［J］. 中国电机工程学报，2014，34（31）：5493－5499.

［71］张逸，杨洪耕，叶茂清. 基于分布式文件系统的海量电能质量监测数据管理方案［J］. 电力系统自动化，2014，38（2）：102－108.

［72］Wang B，Huang S，Qiu J，et al. Parallel online sequential extreme learning machine based on MapReduce［J］. NeuroComputing. 2015，149：224－232.

［73］王德文，孙志伟. 电力用户侧大数据分析与并行负荷预测［J］. 中国电机工程学报，2015，35（3）：527－537.

［74］王德文，刘晓建. 基于 MapReduce 的电力设备并行故障诊断方法［J］. 电力自动化设备. 2014，34（10）：116－120.

［75］Rusitschka S，Eger K，Gerdes C. Smart grid data cloud：A model for utilizing cloud computing in the smart grid domain［A］. 2010 First IEEE International Conference on Smart Grid Communications（SmartGridComm）［C］. IEEE，2010：483－488.

［76］Christophe Bisciglia. The smart grid：Hadoop at the tennessee valley authority（TVA）［EB/OL］.（2009－6）. http：//www. cloudera. com/blog/2009/06/ smart-grid-hadoop-tennesseevalley-authority-tva/.

［77］Jenny W. Williams，Kareem S. Aggour，et al. Bridging high velocity and high volume industrial big data through distributed in memory storage and analytics［A］. IEEE International Conf. on Big Data［C］. 2014：932－941.

［78］S Kawasoe，Y Igarashi，K Shibayama，et al. Examples of Distributed Information Platforms constructed by Power Utilities in Japan［A］. CIGRE 2012［C］. CIGRE，2012：D2_108_2012.

［79］阿里云. 流式计算和批量计算的对比. https：//help. aliyun. com/document_detail/49926. html?spm=5176. doc49925. 6. 547. lT8Oy5.

［80］王桂兰，周国亮，赵洪山，等. 大规模用电数据流的快速聚类和异常检测技术［J］. 电力系统自动化，2016，40（24）：27－33.

［81］李莉，朱永利，宋亚奇. 电力设备监测数据的流式计算与动态可视化展示［J］. 电力建设，2017，38（5）：91－97.

［82］王德文，杨力平. 智能电网大数据流式处理方法与状态监测异常检测［J］. 电力系统自动化，2016，40（14）：122－128.

第二章 云计算与大数据处理技术

第一节 云计算与大数据的关系

一、云计算的概念和特点

关于云计算的概念有很多种解释。一种简单的描述是：云计算通过网络提供可伸缩的廉价的分布式计算能力[1]。目前，云计算技术具有如下特点：

（1）大规模。Google 云计算拥有超过百万台服务器，Amazon、IBM、微软、Yahoo、阿里云等公司的"云"均拥有超过几十万台服务器。

（2）虚拟化。虚拟化是云计算的核心技术之一。通过虚拟化，"云"可以将存储和计算资源按照用户的需求分解和组合，以实现按需租用。

（3）高可靠性、高可用性。"云"使用了多副本策略、HA 方案、双机热备等容错机制，以提供数据的高可靠性以及服务的高可用性。目前主流的云计算能提供超过 99% 的高可用性云服务，基本保证用户 7×24 小时不间断使用云服务。

（4）高可扩展性。"云"的规模可以动态横向扩展、伸缩。

（5）通用性。云计算平台可以满足不同行业、不同领域的各类应用需求。

（6）廉价。硬件的规模效应以及高度的自动化管理使数据中心管理成本大幅降低；用户按需租用使得"云"具有很高的性价比。

二、大数据的概念和特点

大数据概念最早源于 2012 年美国政府的"大数据研究和发展计划"，可以通俗理解为超出现有计算能力的大规模数据集。大数据具备以下四个特征[2]：

（1）体量巨大，可以理解为，使用常规的数据存储和管理方案无法有效处理的数据量。互联网领域，每天产生的数据量达到 PB 级。对于电力系统来说，大数据产生于整个系统的发电、输变电和用电各个环节。

（2）多样性。数据类型多样，包括结构化、半结构化和非结构化数据。按来源和用途分类包括日志、时间序列数据、图像视频、气象数据等。

（3）价值密度低。以视频为例，连续不间断监测过程中，有价值的数据可能仅有几秒钟。

（4）变化快。大数据产生速度以及要求处理的速度都很快。

面对大数据的挑战，传统的单机模式无法满足对海量数据处理的性能要求，同样传统的数据库和集中式的存储系统也难以实现对海量数据的收集、存储、管理和处理。系统在扩展性、数据可靠性、服务可用性以及成本等方面的局限性逐渐显现，急需新的计算模式进行应对。

三、云计算和大数据的关系

大数据与云计算的关系就像一枚硬币的正反面一样密不可分。大数据必然无法用单台的计算机进行处理，必须采用分布式计算架构，依托云计算的分布式处理、云存储和虚拟化技术。

（1）云计算与大数据之间是相辅相成的关系。大数据处理需要云计算作为平台，而大数据的价值和规律则能使云计算更好的与行业应用结合并发挥更大的作用。云计算将计算资源作为服务以支撑大数据的分析和数据挖掘，而大数据的发展趋势则为实时交互的海量数据查询、分析提供各自需要的价值信息。

（2）云计算与大数据结合将成为认识事物的新工具。利用高效、低成本的云计算资源寻找数据间的联系，与大数据交互，识别新模式，发现新规律。

（3）大数据的信息隐私保护需要云计算技术保障。

总而言之，云计算作为计算资源的底层，支撑着上层的大数据处理，而大数据的发展趋势是，实时交互式的查询效率和分析能力，借用 Google 一篇技术论文中的话，"动一下鼠标就可以在秒级操作 PB 级别的数据"。

第二节 大数据处理技术概述

一、大数据处理平台架构

目前开源社区以及公有云服务提供商（AWS、阿里云等）[3, 4]均提供了多种大数据处理技术可供选择，这里仅根据大数据处理的流程，对目前主流的大数据处理技术和各自担任的角色和功能做一简单介绍。

首先是数据采集阶段。阿里云的数据集成服务、DataIDE 的数据同步节点、开源的 DataX 均可以实现各类数据源向数据仓库的数据采集、导入。另外，经常使用 Python、Scala 编写采集客户端，实现数据同步导入；在数据存储阶段，可以选择 HDFS、Hbase、Hive、Sqoop、阿里云 MaxCompute 等软件实现。具体选择需要根据存储需求确定，选择分布式文件系统或者 NOSQL 数据库。在大数据架构设计阶段可以使用的工具包括：Flume 分布式、Zookeeper、Kafka、阿里云 DataHub 等。在大数据实时计算阶段，可以选择 Spark、Storm、Flink、阿里云流计算等工具。如果选择基于大数据进行数据挖掘，可以选择 Mahout、MLib、阿里云机器学习等现有基于大数据技术的机器学习工具和平台。

大数据的计算场景和通用的平台架构描述如图 2－1 所示。

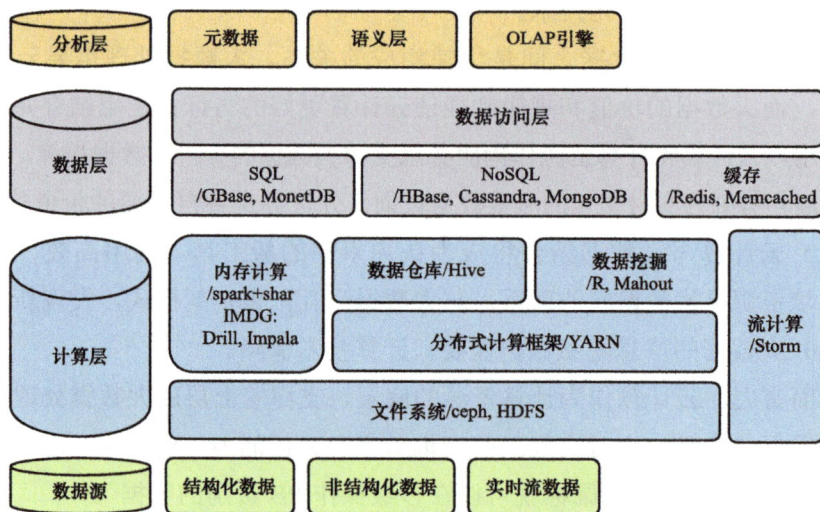

图 2－1　大数据计算平台架构

二、大数据处理的流程

具体的大数据处理技术非常多，这里给出一个相对通用的大数据处理流程，包括明确目标、数据采集、数据同步（加载）和数据清洗、统计分析、数据挖掘、数据可视化展示等几个阶段。处理流程如图2-2所示。

图2-2 大数据处理流程

（1）明确目标。明确目标是进行数据分析的前提和基础；只有目标明确，才能确定数据采集的范围。

（2）采集。大数据的采集是指利用多个数据库来接收发自客户端（Web、App或者传感器等）的数据，并且用户可以通过这些数据库进行简单的查询和处理工作。比如，电商会使用传统的关系型数据库MySQL和Oracle等存储每一笔事务数据，除此之外，Redis和MongoDB这样的NoSQL数据库也常用于数据的采集。另外，经常使用Python、Scala编写采集客户端，实现数据同步导入。在大数据的采集过程中，其主要特点和挑战是并发数高，因为同时有可能会有成千上万的用户来进行访问和操作，比如火车票售票网站和淘宝网，它们并发的访问量在峰值时达到上百万，所以需要在采集端部署大量数据库才能支撑。并且如何在这些数据库之间进行负载均衡和分片的确是需要深入的思考和设计。

（3）导入/预处理。虽然采集端本身会有很多数据库，但是如果要对这些海量数据进行有效的分析，还是应该将这些来自前端的数据导入到一个集中的大型分布式数据库，或者分布式存储集群，并且可以在导入基础上做一些简单的清洗和预处理工作。导入与预处理过程的特点和挑战主要是导入的数据量大，每秒钟的导入量经常会达到百兆，甚至千兆级别。

（4）统计分析。统计与分析主要利用分布式数据库，或者分布式计算集群来对存储于其内的海量数据进行普通的分析和分类汇总等，以满足大多数常见的分析需求。如果统计分析的实时性要求较高，可以使用GreenPlum、Oracle的Exadata、阿里云的AnalyticDB、基于MySQL的列式存储Infobright等；如果是属于批处理统计任务，或者基于半结构化数据的需求，可以使用

Hadoop、阿里云 MaxCompute 等。统计与分析这部分的主要特点和挑战是分析涉及的数据量大，其对系统资源，特别是 I/O 会有极大的占用。

（5）挖掘。与统计分析不同，数据挖掘一般没有什么预先设定好的主题，主要是在现有数据上面基于各种算法进行计算，从而起到预测的效果，实现一些高级别数据分析的需求。该过程的特点和挑战主要是用于挖掘的算法复杂，并且计算涉及的数据量和计算量都很大，常用数据挖掘算法都以单线程为主，目前也有一些并行化的数据挖掘平台可以使用，包括 Hadoop 的 Mahout、Spark 的 MLib、阿里云机器学习等。

（6）结果展示。综合运用报表、数据可视化等手段对数据分析结果进行展示输出，可以选择的工具如阿里云的 DataV、QuickBI 等。

一个比较完整的数据处理过程，通常会包括上面的这 6 个环节。

参 考 文 献

［1］陈康，郑纬民. 云计算：系统实例与研究现状［J］. 软件学报，2009，20（5）：1337－1348.

［2］孟小峰，慈祥. 大数据管理：概念、技术与挑战［J］. 计算机研究与发展，2013，50（1）：146－169.

第三章 基于 Hadoop 的电力设备 监测大数据存储与处理方法

第一节 监测大数据的存储和批量计算需求

电力系统安全可靠运行，离不开对电力设备的在线监测和状态评估。传统的在线监测系统采用就地计算的方式，只存储加工之后的"熟数据"。这种处理方式丢弃了许多重要信息，如局部放电监测中，如果只保存放电宏观特征，则丢弃了放电波形等重要信息。

目前，包括电力设备在线监测在内的很多领域，都开展了基于大数据的设备全生命周期管理研究，不仅能存储"熟数据"，而且需要展示监测数据的历史趋势曲线，建立设备寿命周期状态数据库。这就需要对数量众多，类型多样的设备进行持续、长期的监测，且数据的采样率高，因此，原始监测数据的体量非常巨大。

传统的数据存储方式与管理方式大都构建在大型服务器、磁盘阵列（存储硬件）和企业级关系数据库（数据库管理软件）基础之上，从存储容量、数据读写性能、系统扩展性等各方面，均不能满足电力设备监测大数据的存储和管理需求[1]。Hadoop 提供了海量、高可靠性的存储能力和高吞吐量的数据访问能力，适合运行有大数据集的程序。考虑到电力设备监测大数据自身的特点，应用 Hadoop 时，在存储模式、存储策略等方面仍存在很大的优化空间。

本章首先基于 Hadoop 大数据处理技术，结合电力设备监测大数据的特点，开展了存储架构设计、数据分布策略、存储模型设计、存储性能测试等方面的研究，为更高效地进行大数据分析提供存储层的支持。

另外，计算性能是制约电力大数据应用（基于大数据的分类、预测等）的关键问题。电力信息处理的各个环节，包括信号的时频分析（短时傅里叶变换、小波变换、希尔伯特黄变换等）、特征提取与特征选择、模式识别等，大都包含复杂的迭代运算，计算量大，在面对海量设备监测数据时运算速度缓慢，难以满足工程应用的需求。利用分布式存储、并行计算技术加速此类数据密集型应用是目前较有效的手段。如何利用现有技术（Hadoop、Spark、多核计算、云计算等）构建高可靠性及高可用性的分布式存储与计算平台，并利用并行计算技术（MapReduce、MPI 等），提升运算速度，助力电力大数据价值释放极具挑战性。

本章针对总体模态经验分解、多尺度多变量样本熵计算、多源监测数据关联查询、监测大数据聚类以及局部放电相位分析等运算复杂，严重影响电力设备监测数据处理性能的应用环节，应用 Hadoop MapReduce，开展了算法并行化方面的研究，给出了高性能的并行化的算法实现。

第二节　Hadoop 大数据处理技术

一、Apache Hadoop

Hadoop[2]是 Apache 开源组织的一个分布式计算开源框架，擅长在廉价机器搭建的集群上进行海量数据（结构化与非结构化）的存储与离线处理。Hadoop 生态系统由许多组件构成，如图 3−1 所示。

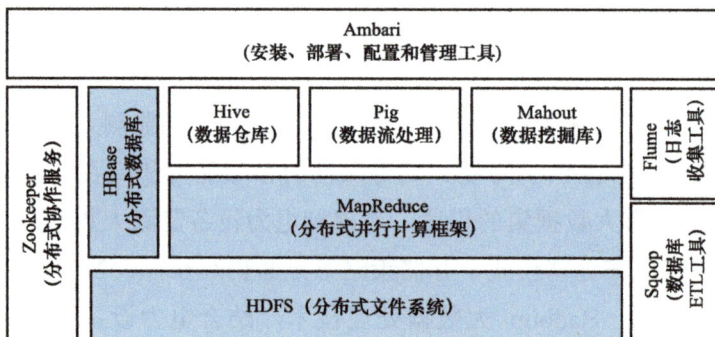

图 3−1　Hadoop 生态系统

在图 3−1 中，框架的核心是其最底部的 Hadoop 分布式文件系统（Hadoop Distributed File System，HDFS），为海量的数据提供了存储能力。HDFS 的上一层是 MapReduce 引擎，为海量的数据提供了并行计算能力。

HDFS、MapReduce、数据仓库工具 Hive 和分布式数据库 Hbase 涵盖了 Hadoop 分布式平台的技术核心。

随着 Apache Hadoop 项目研究的深入，框架功能已经日趋完善，本书使用 Hadoop 框架开展了海量电力设备监测历史数据的可靠存储和并行分析的研究。

二、Hadoop 分布式文件系统 HDFS

HDFS 是 Hadoop 分布式文件系统，采用流数据模式访问，擅长处理超大规模的文件，运行在服务器集群上，具有高可靠性、高可扩展性、高吞吐率等特征。

HDFS 采用主/从（Mater/Slave）结构，如图 3-2 所示。

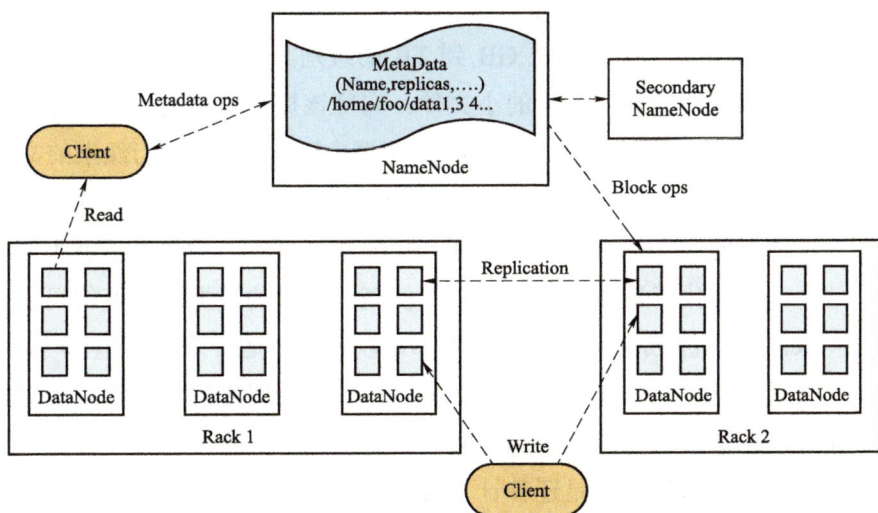

图 3-2 HDFS 系统架构

在图 3-2 中，HDFS 集群拥有一个 NameNode 和多个 DataNode。NameNode 是系统的主控节点，保存管理所有的元数据，DataNode 是数据节点，负责实际数据的存储。Secondary NameNode 用于消除 NameNode 的单点故障。客户端通过 NameNode 以获取文件的元数据，之后与 DataNode 进行交互，完成文件存取。HDFS 文件通常被分割成多个数据块，以冗余备份的形式存储在多个 DataNode 内。HDFS 典型的部署是在一个专门的机器上运行

NameNode，集群中的其他机器各运行一个 DataNode。

硬件故障对于 HDFS 是一种常态，而不是异常。整个 HDFS 系统将由数十个或更多的存储着文件数据片断的服务器组成。集群的规模可以非常大（数千个），每一个节点都很可能出现故障，这就意味着 HDFS 里的总是有一些部件是失效的，因此，故障的检测和自动快速恢复是 HDFS 一个很核心的设计目标。

在数据访问方面，应用程序必须流式地访问存储在 HDFS 之上的数据集。这种应用程序不是运行在普通文件系统之上的普通程序。HDFS 被设计成适合批量处理的，而不是用户交互式的。HDFS 追求的目标是数据吞吐量，而不是单次数据访问的响应时间，POSIX 的很多硬性需求对于 HDFS 应用都是非必需的，去掉 POSIX 一小部分关键语义可以获得更好的数据吞吐率。

在存储的数据规模方面，运行在 HDFS 之上的程序需要处理很大量的数据集。典型的 HDFS 文件大小是 GB 到 TB 的级别。所以，HDFS 被设计为擅长存储和处理大文件，而非大量的小文件。它应该提供很高的聚合数据带宽，一个集群中支持数百甚至更多个节点，一个集群中还应该支持千万级别的文件。

HDFS 提供简单一致访问模型，大部分的 HDFS 程序对文件操作需要的是一次写多次读取的操作模式。一个文件一旦创建、写入、关闭之后就不需要修改了。这个前提简化了数据一致问题，并使高吞吐量的数据访问变得可能。一个 Map－Reduce 程序或者网络爬虫程序都可以完美地适合这个模型。

在分布式计算方面，在靠近计算数据所存储的位置来进行计算是最理想的状态，尤其是在数据集特别巨大的时候。这样消除了网络的拥堵，提高了系统的整体吞吐量。一个假定就是迁移计算到离数据更近的位置比将数据移动到程序运行更近的位置要更好。HDFS 提供了接口，来让程序将自己移动到离数据存储更近的位置。

三、分布式数据处理 MapReduce

MapReduce 是一种并行编程模型，相对于 MPI 等传统编程框架，提供了更加简单、快捷的编程接口，使用户更容易编写"数据密集型"应用程序。MapReduce 的主要思想是将问题拆解为映射（Map）和归约（Reduce）操作，其中 Map 能够将计算任务分成多个独立的计算单元，由集群中的多个计算节点进行分布式、并行地计算；Map 的运行结果交由 Reduce 进行汇总，产生最终的计算结果。MapReduce 的执行流程如图 3-3 所示。

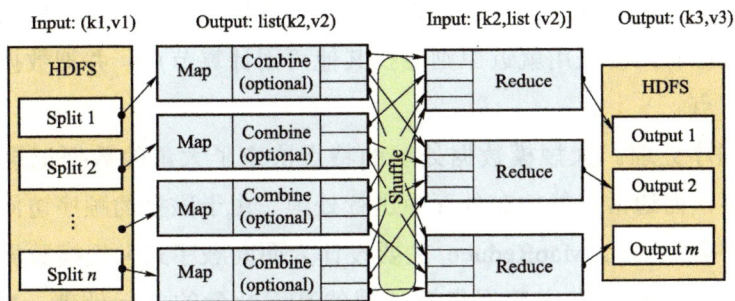

图 3-3　MapReduce 的执行流程

在图 3-3 中，Map 接收输入对（k1，v1），并产生一个或多个输出对（k2，v2）。在 Shuffle 过程中，输出对被划分并传递给 Reduce，拥有相同 key 的（key，value）对被放在同一组中［k2，list（v2）］，交由 Reduce 处理并输出最终结果（k3，v3）。

MapReduce 包括以下技术特征：

（1）横向扩展。MapReduce 集群的构建完全选用价格便宜、易于扩展的低端商用服务器，而非价格昂贵、不易扩展的高端服务器。对于大规模数据处理，由于有大量数据存储需要，显而易见，基于低端服务器的集群远比基于高端服务器的集群优越。

（2）失效被认为是常态。MapReduce 集群中使用大量的低端服务器，因此，节点硬件失效和软件出错是常态，因而一个良好设计、具有高容错性的并行计算系统不能因为节点失效而影响计算服务的质量，任何节点失效都不应当导致结果的不一致或不确定性；任何一个节点失效时，其他节点要能够无缝接管失效节点的计算任务；当失效节点恢复后应能自动无缝加入集群，而不需要管理员人工进行系统配置。MapReduce 并行计算软件框架使用了多种有效的错误检测和恢复机制，如节点自动重启技术，使集群和计算框架具有对付节点失效的健壮性，能有效处理失效节点的检测和恢复。

（3）就地计算。传统高性能计算系统通常有很多处理器节点与一些外存储器节点相连，如用存储区域网络（Storage Area，SAN Network）连接的磁盘阵列，因此，大规模数据处理时外存文件数据 I/O 访问会成为一个制约系统性能的瓶颈。为了减少大规模数据并行计算系统中的数据通信开销（数据向处理器或代码迁移），MapReduce 采用了数据/代码互定位的技术方法，计算节点将首先尽量负责计算其本地存储的数据，以发挥数据本地化特点，仅当节点无法处理本地数据时，再采用就近原则寻找其他可用计算节点，并把数据传送到该可用计算节点。

（4）顺序处理。大规模数据处理的特点决定了大量的数据记录难以全部存放在内存，而通常只能放在外存中进行处理。由于磁盘的顺序访问要远比随机访问快得多，因此 MapReduce 主要设计为面向顺序式大规模数据的磁盘访问处理。为了实现面向大数据集批处理的高吞吐量的并行处理，MapReduce 可以利用集群中的大量数据存储节点同时访问数据，以此利用分布集群中大量节点上的磁盘集合提供高带宽的数据访问和传输。

（5）隐藏系统层细节。并行程序编写有很多细节，如考虑多线程中诸如同步等。由于并发执行中的不可预测性，程序的调试查错将十分困难；大规模数据处理时程序员需要考虑诸如数据分布存储管理、数据分发、数据通信和同步、计算结果收集等诸多细节问题。MapReduce 提供了一种抽象机制将程序员与系统层细节隔离开来，程序员仅需描述需要计算什么，而具体怎么去计算就交由系统的执行框架处理，这样程序员可从系统层细节中解放出来，而致力于其应用本身计算问题的算法设计。

（6）高可扩展性。包括数据扩展和系统规模扩展性。一方面能随着数据规模的扩大而表现出持续的有效性，性能上的下降程度应与数据规模扩大的倍数相当；在集群规模上，要求算法的计算性能应能随着节点数的增加保持接近线性程度的增长。多项研究发现，对于很多计算问题，基于 MapReduce 的计算性能可随节点数目增长保持近似于线性的增长。

四、Hadoop 的适用场景

Hadoop 主要适合于海量历史数据的可靠存储、批量计算和对历史数据的交互式查询等对实时性要求不高的应用场景。Hadoop 处理的数据类型广泛，既可以存储结构化、半结构化的数据，也可以存储非结构化的数据。从数据特点看，Hadoop 适合处理超大文件（单个文件体量大），一次写入，多次读取的场景，也就是数据复制进去之后，长时间在这些数据上进行分析的场景。因此，电力设备监测大数据均可以基于 Hadoop 实现可靠存储和各种对实时性要求不高的查询分析。Hadoop 技术及其在电力设备监测中的应用也是本章的重点研究内容之一。

另外，Hadoop 不适合处理大量小文件，以及多用户对数据进行频繁数据更新的应用场景。也不适合低延迟、对实时性要求很高的场景。针对电力设备监测数据的实时处理，可以选择 Spark 等基于分布式内存的并行计算框架。

第三节　电力设备高速采样数据的 Hadoop 存储方法研究

一、存储需求描述

实现电网的安全可靠，离不开对组成电网的设备的健康状况进行在线监测、数据搜集和评估。智能电网需要监测的设备众多，甚至包括线路每串绝缘子的泄漏电流等动态信号。为了能对绝缘子放电等状态进行诊断，信号的采样频率必须在 200kHz 以上。变电站内设备状态监测，要求数据采样率可达数兆赫兹，变压器超高频局部放电信号的频率均在 300MHz 以上，甚至超过1GHz。因此，采集的数据量将是非常巨大的。

目前，受存储容量以及网络带宽等限制，对电网状态监测数据的处理方式大多采用就地计算的方式，原始采样数据经过分析后，表征设备状态的相关数据接入到状态监测系统中，原始采样数据并未保存，这种就地处理的方式会导致如放电波形等重要信息丢失，影响电力设备状态评估的准确率。比如，在利用变压器局部放电信号进行故障诊断和状态评估时，已有方法大都利用波形宏观特征（熟数据）进行评估，而非常重要的放电过程波形（微观特征）被丢弃，影响诊断或评估的结果准确率。伴随设备硬件（存储容量和网络带宽）的改善，采集、传输并保存完整电力设备状态高速采样数据成为可能，因此，有必要研究电力设备状态高速采样数据的高效存储方法，为下一代数据中心存储电网设备的动态信号提供理论支持和技术储备。

常规的数据存储与管理方法，基础架构大多采用价格昂贵的大型服务器，存储硬件采用磁盘阵列，数据库管理软件采用关系数据库，紧密耦合类业务应用采用套装软件，因此系统扩展性较差、成本较高。传统的超级计算机[3, 4]主要用于"计算密集型"的应用，如量子力学、天气预报等。超级计算机拥有多个处理器，通过精良的设计，达到高度并行的目的，实现快速计算。但是其计算需要的数据通常采用磁盘阵列进行集中式存储（RAID）。在 Yahoo！集群[5]上的性能测试表明，HDFS（Hadoop 分布式文件系统）读写吞吐量在一个测试（Girdmix）中显示比 RAID 快 30%[6]。另外，超级计算机交互性较差，所采用并行编程方法（MPI 等）也难以掌握，对用户要求很高[7]；系统扩展性差，成本高，不适合智能电网环境下信息平台的建设。

云计算是分布式计算、并行计算和网格计算发展的结果，目前主要应用于"数据密集型"应用[8]，通过虚拟技术、海量分布式数据存储技术、MapReduce 并行编程模型等技术，为用户提供高可靠性、高安全性的海量数据存储平台。这为智能电网信息平台的建设提供了全新的解决思路。本章提出使用面向列的数据库 HBase 在开源的云计算平台 Hadoop 集群上实现海量电力设备状态高速采样数据的云存储方案，是采用云计算技术搭建智能电网信息平台的一次有益尝试。使用 TestDFSIO 和 YCSB 对集群整体输入、输出性能以及读取、插入、更新数据进行了性能测试，实验结果表明，Hadoop 和 HBase 在存储容量、吞吐量以及查询延迟上提供了足够高的性能，能够满足智能电网环境下电力设备状态高速采样数据可靠性及实时性要求。

二、时间序列数据存储方法研究现状

电力设备状态高速采样数据是一种典型的时间序列数据。已有对时间序列数据的研究多基于内存数据库，主要关注分析和提取时间序列数据的模式，用于匹配或预测[9]。在时间序列数据的存储方面，传统的基于单机关系数据库管理系统受硬件的限制，存储性能无法满足高频率的采样数据存储速度要求，文献［10］提出建立三层文件系统，以特定格式文件的形式存储高速采样数据，在存储速度上达到了要求，但并未解决存储容量的问题。文献［11］针对光传输网管系统数据量急剧增长导致的网管数据库更新查询效率极低，甚至出现系统崩溃的问题，提出了一种分布式数据库存储方案，但其分布式系统采用的是 MYSQL 集群，其可扩展性较差，也没有涉及系统可靠性问题。有些文献采用压缩的方法实现时间序列数据的存储。文献［12］研究了时域和频域下时间序列数据的压缩方法，用于大规模数据存储，并支持对压缩数据的关联关系查询，但在查询性能方面无法满足在线监测系统实时性要求；文献［13］提出绝缘子泄漏电流的自适应 SPIHT 数据压缩，允许采完一个工频周期的数据后就进行压缩，更适合实时或在线的场合，但其压缩目的主要是降低网络传输数据量，且无法对压缩数据直接进行查询。文献［14］研究了天文望远镜采集的 TB 级天文数据分布式存储方法以及在该数据集上实现的特征监测算法，但并未讨论数据存储的细节以及查询性能；文献［15］研究了大规模电能质量时间序列数据的存储与处理方法，但其采用的方法是通过降低采样率的方式实现的，只适合对采样率要求较低的系统。针对电力设备采样数据采样率高、数据量巨大，要求可靠性高、快速数据查询等特点，已有存储方案无法满足存储容量、数据写入速度、查询效率以及系统扩展性方面的要求。

本节提出采用 Hadoop 平台和 HBase 数据库用于电力设备采样数据的云存储方案以及基于 MapReduce 的并行查询方法，并通过一系列实验，验证了方法的可行性。

三、分布式面向列的数据库 HBase

HBase[16]是建立的 HDFS 之上，提供高可靠性、高性能、面向列、可伸缩的分布式存储系统。和传统关系数据库不同，HBase 采用了 BigTable 的数据模型：增强的稀疏排序映射表（Key/Value），其中，键由行关键字、列关键字和时间戳构成。HBase 提供了 Native Java API、HBase Shell、REST Gatewey 等多种访问接口，并支持使用 MapReduce 来处理 HBase 中的海量数据。在访问时，仅能通过主键（Row Key）和主键的 range 来检索数据，仅支持单行事务，主要用来存储非结构化和半结构化的松散数据。

HBase 中的所有数据文件都存储在 Hadoop HDFS 文件系统上，主要包括两种文件类型：

（1）HFile，HBase 中 KeyValue 数据的存储格式，HFile 是 Hadoop 的二进制格式文件，实际上 StoreFile 就是对 HFile 做了轻量级包装，即 StoreFile 底层就是 HFile。

（2）HLog File，HBase 中 WAL（Write Ahead Log）的存储格式，物理上是 Hadoop 的 Sequence File。

HBase 的数据模型包含三项基本组成要素：

（1）Row Key：行键，Table 的主键，Table 中的记录默认按照 Row Key 升序排序。

（2）Timestamp：时间戳，每次数据操作对应的时间戳，可以看作是数据的 version number。

（3）Column Family：列簇，Table 在水平方向有一个或者多个 Column Family 组成，一个 Column Family 中可以由任意多个 Column 组成，即 Column Family 支持动态扩展，无需预先定义 Column 的数量以及类型，所有 Column 均以二进制格式存储，用户需要自行进行类型转换。

在物理存储方式上，HBase Table 中所有行都按照 Row Key 的字典序排列；Table 在行的方向上分割为多个 Region；Region 按大小分割的，每个表开始只有一个 Region，随着数据增多，Region 不断增大，当增大到一个阈值的时候，Region 就会等分为两个新的 Region，之后会有越来越多的 Region；Region 是 Hbase 中分布式存储和负载均衡的最小单元，不同 Region 分布到不同 RegionServer 上。Region 虽然是分布式存储的最小单元，但并不是存储的最小单元。Region 由一个或者多个 Store 组成，每个 Store 保存一个 columns family；每个 Strore 又由一个 memStore 和 0 至多个 StoreFile 组成，StoreFile 包含 HFile；memStore 存储在内存中，StoreFile 存储在 HDFS 上。

四、高速采样数据的云存储架构

本章参照云计算平台的体系结构，并结合电力设备监测数据的特点、存储需求以及业务应用需求设计实现了基于 Hadoop 的电力设备监测数据存储系统，系统架构如图 3-4 所示。

在图 3-4 中，系统包含存储层、数据接入和计算层。存储层为 NameNode 管理下的 Hadoop 集群。集群中的物理服务器通过 Xen 虚拟化技术建立同构的 Linux 系统，并使用 Hadoop HDFS 文件系统用于数据的存储。在 HDFS 基础上，建立分布式的面向列的数据库 HBase，用于海量监测数据的存储和管理。

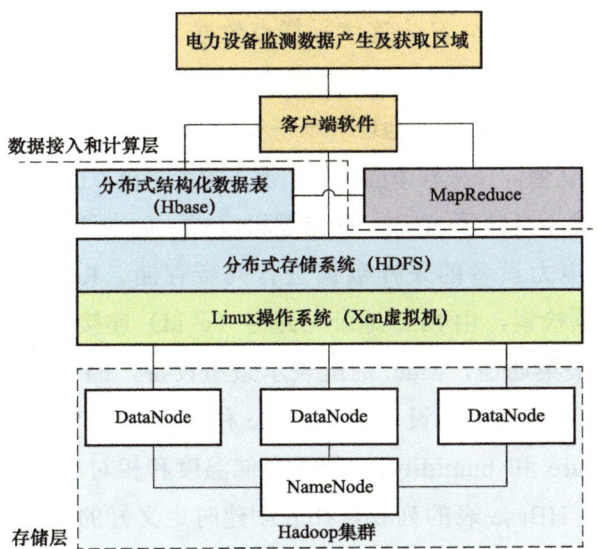

图 3-4　基于 Hadoop 的存储系统架构

在数据接入层和计算层，根据上层应用的需求不同，可以将数据写入
HDFS 文件，实现持久化存储；或者，将数据存储至 HBase（HBase 中的数据
最终也是写到 HDFS 中）。使用 HDFS 文件存储更加灵活和通用，数据的格式
由使用者自己定义，数据查询、分析的功能也都需要用户编程实现。HBase 允
许用户定义数据的存储模式（相对于关系数据库的表，这种模式更加灵活），
并提供多种数据查询的接口，更适合提供海量历史数据的在线查询服务，相对
HDFS 文件访问，可以提供更低的访问延迟。对直接存储在 HDFS 文件中或者
HBase 中的数据，都可以使用 MapReduce 执行批量数据分析任务。

五、电力设备波形信号数据的 HBase 存储设计

在众多的电力设备监测数据中，连续采样构成的波形信号数据占比很大。
根据上层应用程序的需求，波形信号数据既可以直接写入 HDFS 文件，也可以
保存至 HBase 中。使用 HDFS 文件存储更加灵活和通用，数据的格式由使用
者自己定义，数据查询、分析的功能也都需要用户编程实现。HBase 提供了对
结构化和半结构化数据的存储模式和查询接口，更适合提供海量历史数据的在
线查询服务。本节研究了电力设备波形信号数据的 HBase 存储方法。

各类电力设备监测波形信号数据具有相似的格式，即：物理地址，采集时

刻，产生通道，固定间隔，N 个连续采样点数据（2462，2182，2324，2256，2185，…）。

数据信息包含设备节点物理地址（唯一）、初始时标、产生通道以及若干个周期长度的数据（默认值，在采样率固定的情况下每个采样点的时间都可计算）。

根据数据格式，设计了 HBase 存储逻辑模式，如表 3-1 所示。表 3-1 可以对来自于多台电力设备的采样数据进行同步存储。Row Key 表示行关键字，用于采样数据检索，由 Mac 地址与路号（c_id）连接构成。一个采集设备有可能拥有多个采集通道，Mac 地址表示采集设备，路号表示通道号。Time stamp 表示数据的采集时间。设计了 Climate 和 Signals 2 个列族。Climate 包含 2 个列（temperature 和 humidity），用于存储温度和相对湿度，Signals 的多个列则存储监测值。HBase 表的列族是在表创建时定义好的，而列族中的列则不需要事先定义，可以在插入数据时动态增加新列，这种特性使得系统可以支持采样点数量不同的情况，实现了对稀疏数据的有效存储。

表 3-1　　　　　　　　　　波形信号数据 HBase 存储逻辑视图

Row Key	Time stamp	column family：Climate		column family：Signals		
		temperature	humidity	V1	V2	V3
Mac1 + c_id	20121009020133	18℃	55%rh	2462	2182	2324
Mac2 + c_id	20121009020141	18℃	55%rh	2462	2182	2324
Mac3 + c_id	20121009020156	19℃	56%rh	2462	2182	2324

六、考虑时空二维属性的监测数据 HBase 存储设计

监测数据采样值具有时间属性，监测装置节点具有地理位置属性（空间属性）。对监测数据的查询不仅局限于按照设备关键字、采集时间进行查询，还可以基于更加复杂的条件约束进行多条件查询。例如，根据用户指定的某个地理区域（经纬度范围），查询区域内监测装置在指定时间范围里的监测数据，绘制趋势曲线，完成统计分析等。

HBase Shell 提供了 2 种访问数据的方式：根据表名称（Table）、Row Key、列族：列名（Family：Column），调用 get 方法查询某行记录；根据表名称、通过 setStartRow 与 setEndRow 来限定范围，调用 scan 接口查询多条记

录。因此，要实现根据经纬度范围的查询，需要将经纬度值映射为 Row Key。监测设备 HBase 存储逻辑视图如表 3-2 所示。

表 3-2　　　　　　　　　监测设备 HBase 存储逻辑视图

Row Key	column family：Device		
	DeviceMac	latitude	longitude
010010	00 - 23 - 5A - 15 - 99 - 42	115.453 352	38.842 812
010011	00 - 23 - 5A - 15 - 98 - 40	115.453 359	38.842 816
010010	00 - 23 - 5A - 15 - 99 - 43	115.453 361	38.842 822

在表 3-2 中，使用 GeoHash 算法[17]降维，将经纬度转换为字符串，作为 Row Key，以提升查询性能。一条记录由唯一的 Row Key 和三个列组成。DeviceMac 列存储了监测设备的标识，列 latitude 存储了监测设备纬度值，longitude 存储了经度值。GeoHash 映射使所设计的 Row Key 同时包含经纬度信息，从而支持基于经纬度范围的查询。该算法使用 Peano 空间填充曲线，将空间区域映射为 0 和 1 构成的字符串，映射过程如图 3-5 所示。

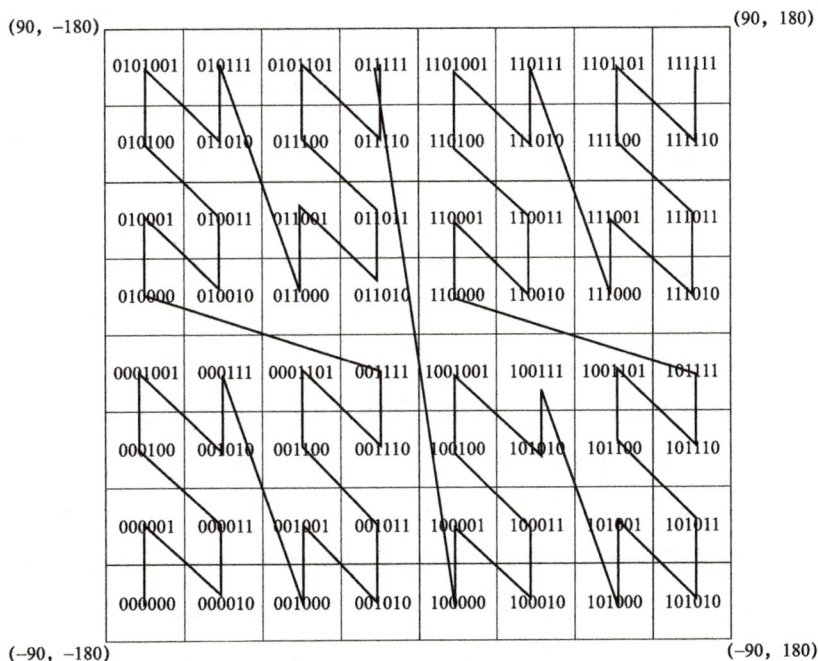

图 3-5　基于 Peano 曲线的空间属性编码

在图 3-5 中，横纵坐标分别表示了及空间坐标列经纬度，每个格子的值就是对应的由 0、1 构成的字符串。

七、基于 HBase 存储和 MapReduce 的并行连接查询

HBase 索引只支持主索引（即 Row Key），而电力设备状态监测系统很多应用场景中，采样数据的查询条件通常为多条件关联查询（如根据线路、杆塔、绝缘子 ID 查询绝缘子泄漏电流数据），这需要自行设计复合 Row Key 来满足多条件查询。设计了基于 MapReduce 的复合 Row Key 并行查询方法。

设 Term1，Term2，…，TermN 表示 N 个查询条件，将这 N 个条件链接在一起作为 Row Key，用于唯一标识采样数据来源的 Mac 地址（采样数据存储表中的 Row Key）作为 infor 列族下的唯一一列，构建 HBase 表，如表 3-3 所示。根据这些信息映射出采集设备 Mac 以及路号 id，进行采样数据表的查询。

表 3-3   Mac 地 址 映 射 表

Row Key	Time stamp	Infor（列族）
		Mac（列）
Term1 + Term2 + …TermN	2012040902012237000	Mac1 + id
Term1 + Term2 + …TermN	2012040902012237001	Mac2 + id
Term1 + Term2 + …TermN	2012040902012237002	Mac3 + id

查询过程分为两个步骤，如图 3-6 所示。

第一步：Mac 地址查询。首先根据查询信息组合成 Row Key 查找出在 HBase 表中对应的 Mac，考虑到该部分的数据属于静态信息，数据量较少，因此查询过程直接使用 HBase 的 API 进行，未进行并行化处理。

第二步：采样数据查询。设计中，使用 hbase.mapreduce 包中的类，接收 HBase 表（电力设备采样数据表）和第一步中查找到的 Mac 地址作为 MapReduce 作业的输入。HBase 表在行方向上分成了多个 Region，每个 Region 包含了一定范围内的数据。使用 TableInputFormat 类完成在 Region 边界的分割，Splitter（MapReduce 框架的分割器）会给 HBase 表的每个 Region 分配一个 Map 任务，完成 Row Key 在所属 Region 内的查询。在 Reduce 阶段，多个 Map 任务查询的结果交由 Reduce 任务进行汇总，并根据设定的格式

（TableOutputFormat 类）对数据拆分，将结果写入 Output 里（可以是 HBase 表或者是文件等）。

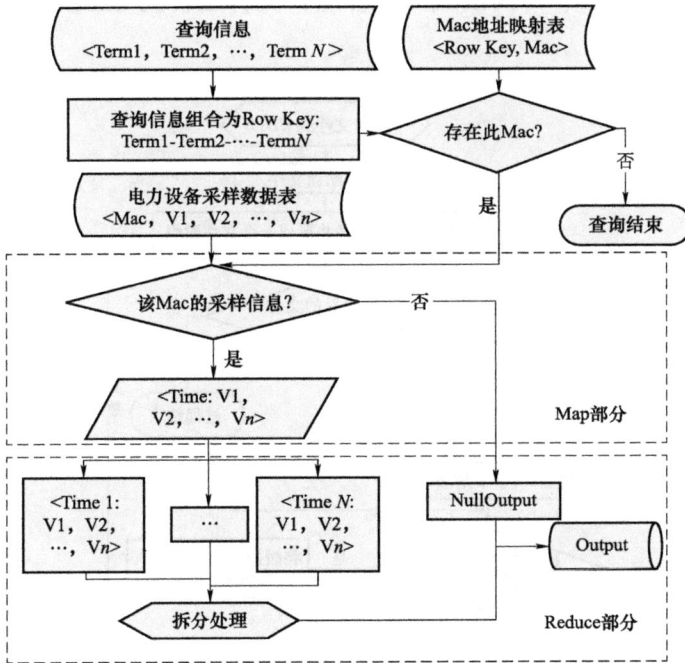

图 3-6　基于 MapReduce 的泄漏电流并行关联查询

八、基于 HDFS 和 MapReduce 的存储与并行查询方法

（一）存储客户端设计

智能电网环境下电力设备状态信息多样。用户信息、线路信息、杆塔信息、绝缘子信息、采集设备信息等属于静态信息，占用空间少，且属于需要迅速访问的信息，在实验中此类信息仍存储在关系数据库里。实验主要处理从采集设备获取的报警信息，其产生速度为秒级，甚至频率更高，因此该类数据的动态增长十分明显。随着时间增长，所需存储空间越来越大，并逐渐超越传统数据库处理能力；同样在该类数据查询中，一般针对较长时间段的数据，其数据量是庞大的，属于海量查询，本节对该类信息使用 HDFS 存储及 MapReduce 并行查询。

为模拟实际场景里由传感节点组成的 Zigbee 网络，实验中使用一台 PC

机当做信息生成发送端。每条报警信息包括产生时间、信息编号、产生通道、设备节点物理地址、报警类型和报警内容，各个信息之间用逗号隔开；信息存储到以设备名和时间组成的文件里。文件上传到 HDFS 的函数流程如图 3-7 所示。

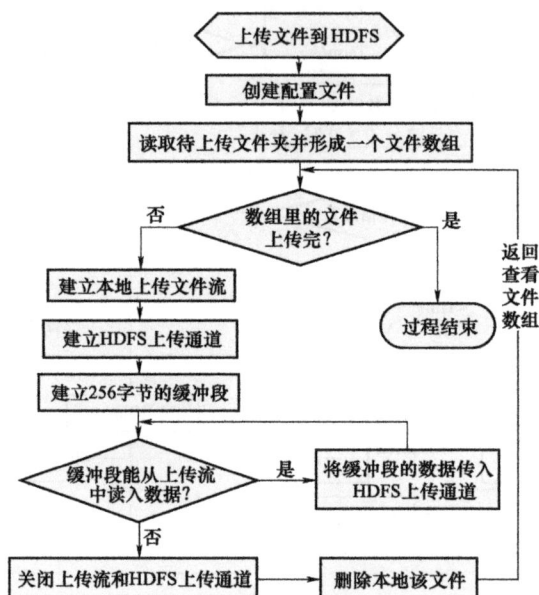

图 3-7　文件上传 HDFS 函数流程图

（二）查询客户端设计

基于 Hadoop 并行查询里，最主要就是设计 Map 和 Reduce 函数，包括输入输出键值对类型以及 Map 和 Reduce 函数的具体逻辑。

主函数完成用户查询信息和 MapReduce 程序之间交互，查询需要传入的变量有：待查询文件夹地址、输出结果文件地址、待查询关键词、Reducer 个数、关键词在信息行中所处位置。

查询里，需要通过某一数据段是否满足要求而获取整条数据，并将信息输出到汇总文件，不需对汇总数据再作处理，因此该查询过程只需设计好主函数和 Map 函数。

1. 主函数实现

主函数主要工作就是设置各种与作业执行有关的参数：

（1）待查找的关键词：主函数通过 Configuration 对象传递全局作业参数，任务开始后，将具体信息散发给不同地点的 Map 任务。

（2）设置 Map 类：对 Mapper 类进行了重写，接受用户待处理信息并在指定 TaskTracker 里完成任务。

（3）设置 Reduce 类：对 Reducer 类进行了重写，读入 Map 函数输入的数据，没有对 Map 函数的输出值作出其他处理，只是将所有数据按照键排序后输出到结果文件里。

（4）设置 Reducer 个数：应控制该数据小于待查文件夹下的文件数目和 DataNode 节点数两倍的最小值，如式（3－1）所示

$$\mathrm{Re\,ducers} < \mathrm{Min}\{\mathrm{FileNo}, \mathrm{DataNodeNo} \times 2\} \qquad (3-1)$$

（5）输出的类定义：定义为文本类型（Text），同时适用于 Map 和 Reduce 函数的输出的键值。

（6）输入输出的格式：实验中，无论待查数据还是查出的结果数据，都是以文本的形式存在 HDFS 系统里，因此，使用输入输出的格式均为 TextInputFormat 所定义的格式。

2. Map 函数实现

按照 Input Splits 划分，每个 Map 函数打开一个 Split，并分别对每行数据进行分析处理。考虑到文件命名里有时间段，为提高效率，当查找关键字是时间，先判定文件名时间段是否满足关键字，不满足则停止对该文件的查询任务。整体查询过程如图 3－8 所示。

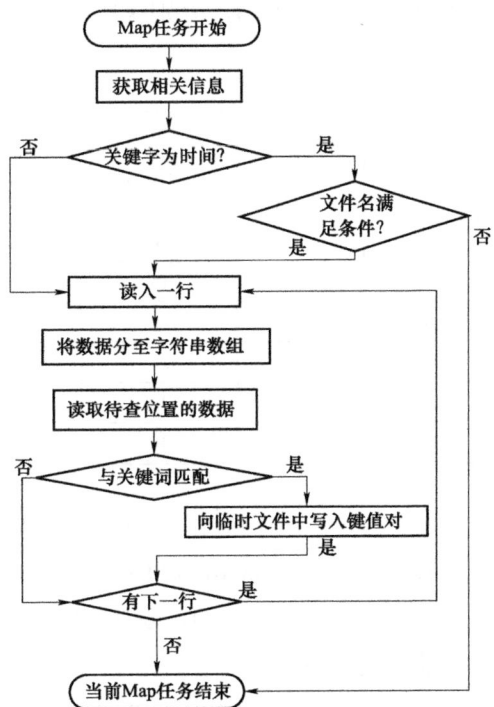

图 3－8　Map 函数处理过程

九、Hadoop 云计算平台搭建与性能基准测试

所搭建的 Hadoop 集群由 20 个节点组成，每个节点的配置为 4 核 CPU

（Intel Core i5），主频 2.60GHz，4GB RAM 内存，1TB SATA7200rpm 硬盘（64MB 缓存），配备千兆以太网用于集群节点的互联。虚拟机采用 ORACLE VirtualBox（Version 4.1.8），配备操作系统 Ubuntu（Version 10.04 LTS）。在集群上安装 Apache Hadoop（Version 0.20.2）云计算平台。

为了验证所搭建的集群的整体性能，使用 TestDFSIO[68]对集群的整体输入/输出（I/O）性能进行了基准测试。测试程序用一个 MapReduce 作业对 HDFS 进行高强度的 I/O 操作，测试集群整体的并行写入以及读取数据的性能。TestDFSIO 基准测试过程验证了数据规模、读写文件数量以及文件大小对集群 I/O 性能的影响。

【实验1】数据规模对集群 I/O 性能的影响。

使用大小为 1GB 的文件进行测试，文件数量由 5 至 40 递增，使数据规模从 5GB 递增至 40GB，分别执行并行读、写操作，测试结果如表 3−4 所示。

表 3−4　　　　　　　　　　HDFS 读 写 时 间

文件数	文件大小（GB）	总规模（GB）	Map 任务数	write 运行时间（s）	read 运行时间（s）
5	1	5	5	215.992	139.618
10	1	10	10	310.863	187.417
15	1	15	15	466.489	206.387
20	1	20	20	555.49	280.787
25	1	25	25	643.196	341.929
30	1	30	30	730.281	356.339
40	1	40	40	1033.013	435.794

从表 3−4 可以看出，随着数据处理规模的增大，读、写任务执行时间增长均比较缓慢。系统 Map task 数量、系统并行程度等比增长。读操作（read）性能高于写操作（write），表明 HDFS 更适合大并发读取数据，而数据更新操作较少的应用场景。

图 3−9 描述了数据规模变化时读、写操作总体运行时间和平均运行时间（对单个文件的处理时间）的变化趋势。

从图 3−9 可以看出，随着数据规模的增长，无论是读或者写操作，平均运行时间呈现平稳下降的趋势。因此，Hadoop 集群适合处理大数据量的读写。

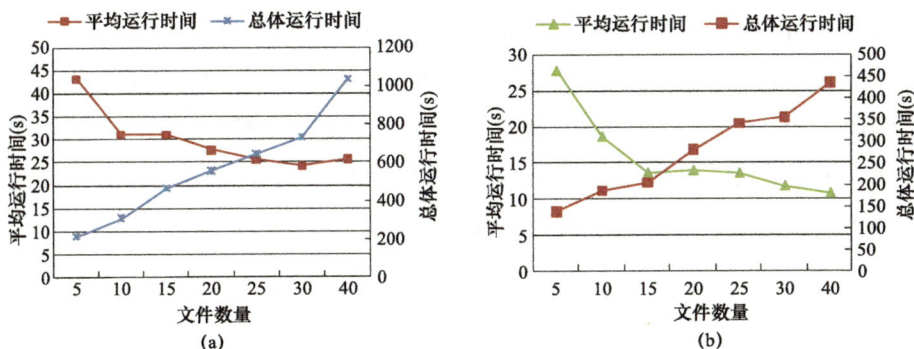

图 3-9 读、写操作运行时间趋势

（a）write 运行时间；（b）read 运行时间

【实验 2】文件大小对集群 I/O 性能的影响。

控制文件大小从 1MB 到 1GB 递增，同时保持文件数量从 5000 个到 5 个递减，保持数据总规模为 5GB 不变，进行数据读写性能测试。图 3-10 描述了文件数量与运行时间关系。

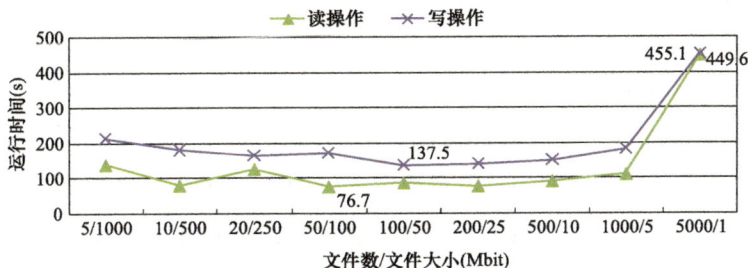

图 3-10　数据总量不变时文件大小与运行时间关系

从图 3-10 中可以看出，当文件大小从 10MB 至 1000MB 的变化过程中，由于数据总量保持不变，访问时间基本维持比较平稳的趋势。访问时间的最小值（76.7s）出现在文件尺寸为 100MB 时，此时文件尺寸与数据块大小（64MB）相当，访问性能达到峰值。比较极端的情况出现在当文件大小取 1MB（文件数量达到 5000 个）时，此时访问时间陡然上升，超过至 400s。因此，HDFS 不适合存储处理大量的小文件，主要原因在于：NameNode 把文件系统的元数据放置在内存中，文件系统所能容纳的文件数目是由 NameNode 的内存大小来决定。每一个文件、文件夹和 Block 需要占据 150 字节左右的空间，当文件数量增多时，会消耗较多的 NameNode 内存，系统性能下降。另外，因为 Map task 的数量是由 Splits 来决定的，所以用 MapReduce 处理文件数量较多时，就会产生过多的 Map task，线程管理开销增大，作业运行时间增长。因此，HDFS 不适合存储大量的小文件。在设计数据存储时，在考虑具体计算需求的基础上，应尽量将单个文件的大小和 HDFS 设置的块大小相近，减少整体文件数量，能够有效提升系统性能。

十、基于 YSCB 的 HBase 存储性能测试

以输电线路监测系统中绝缘子泄漏电流数据为例，在所搭建的 Hadoop 平台上（配置描述见 3.3.5 节），使用 YCSB[18]测试 HBase 的读写性能。

绝缘子泄漏电流数据来自实验室以及实测数据，并进行了数据复制，样本总数共 983 040 条。将数据存入表 3-1 所示的 HBase 表中，验证所设计存储模式的并发访问的性能。

（1）数据导入性能测试。使用 HBase Shell Put 接口进行数据添加，从客户端本地文件系统导入 HBase 的时间为 5004.2s，系统吞吐量达到 198.8ops/s。

（2）读取（read）、更新（update）混合测试。设置 YCSB 客户端对存储泄漏电流的 HBase 表执行 10 000 次访问，包括 50%的读操作和 50%的更新操作，用于验证存在非常频繁的数据更新请求时 HBase 的性能。该测试模拟了在恶劣天气条件下，短时间内出现大量越线的报警信息的场景，监测系统需要将越线的泄漏电流数据快速写入 HBase；同时，又需要对越线数据进行快速分析。测试重复执行了 6 次实验，平均访问延迟和系统吞吐量的变化情况如图 3-11 所示。

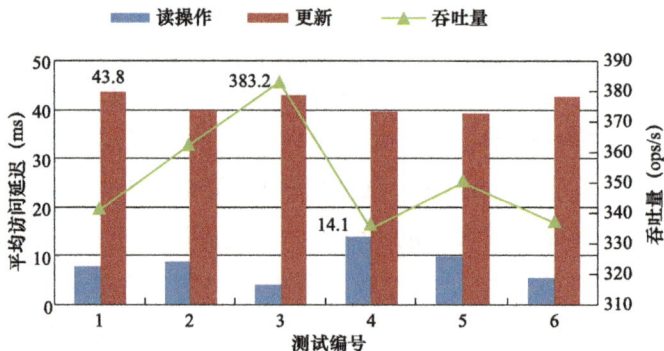

图 3-11　读、更新平均延迟

从图 3-11 中可以看出，在读取和数据更新操作均比较频繁的情况下，6 次测试的运行时间及吞吐量变化平缓，系统运行性能较稳定。6 次测试，平均运行时间为 2847.2ms，更新操作延迟峰值为 43.8ms，读操作延迟峰值为 14.1ms，吞吐量峰值达到为 383.2ops/s。

另外，测试结果与两次测试的时间间隔有关。如果两次测试的时间间隔很短（几秒），则测试任务整体运行时间增长明显（甚至翻倍），同时，系统吞吐量明显下降。造成这种现象的主要原因是 Hadoop 集群在"看起来"完成数据读写后，后续在系统后台还有许多内部操作，影响了紧接着执行的测试任务的执行性能。

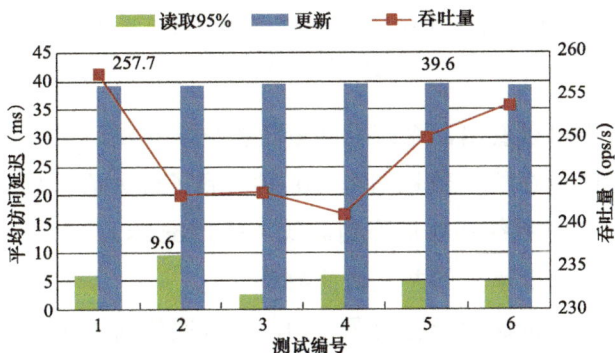

图 3-12　读、更新平均延迟

（3）只读测试。对于数据分析型的应用程序，大都只涉及数据读取和分析，数据更新操作很少或者没有。本次测试目的是验证 HBase 系统的读取性能。设定 YCSB 客户端执行 10 000 次访问，包括 95%的读操作和 5%的写操作。重复测试 6 次，访问延迟和吞吐量的变化如图 3-12 所示。

从图 3-12 中可以看出，6 次测试的读操作访问延迟和系统吞吐量略有波动，读操作延迟峰值为 9.6ms，吞吐量峰值达到 257.7ops/s；写操作访问延迟非常平缓，均接近 40ms；数据读取操作平均延迟远小于写入操作平均延迟。

（4）多并发访问对 HBase 系统吞吐量以及访问时延的影响测试。设定 YCSB 客户端包含多个访问线程，并发访问 HBase。线程数量由 10 个增至 100 个，对绝缘子泄漏电流数据执行 10 000 次的读取、更新请求，包括 50%

的读指令和50%的写指令。测试结果如图3-13所示。

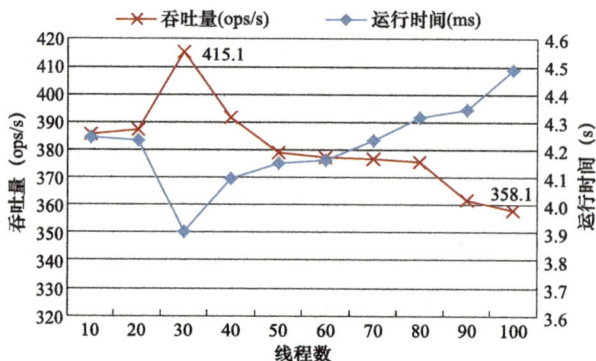

图3-13　并发访问线程数量对系统吞吐量和
运行时间的影响

从图3-13中可以看出，系统吞吐量随客户端并发请求的线程数量增加而增长，当系统吞吐量在线程数量增至 30 时达到了最大值（415.1ops/s）。当线程数量达到 100 时，系统吞吐量降到最低（358.1ops/s）。本次实验结果可帮助用于确定存储系统所能承受的并发访问数量。

在实验过程中，也遇到一些问题。如，在首次数据导入过程中，当执行至60 万条数据插入时（3831s 时），出现单个数据节点崩溃，于是终止导入操作；同时发现 HBase 负载并不均衡，该节点被装入的数据在崩溃前接近14Gb，而有的节点不到 1GB，且在崩溃前，该节点 cpu 利用率达到 100%。造成这种现象的主要原因是没有对 Java 虚拟机进行 GC（垃圾收集）的优化处理，以及 Zookeeper（用于负载均衡）的配置问题。在测试 10 000 条数据的读写性能的几个实验里，发现实验结果与两次实验的时间间隔有关。比如实验 2 中，频繁测试（间隔很短）的平均运行时间为 5493ms，吞吐量为182ops/s；而有效增加两次实验的时间间隔后，平均运行时间为 2966ms，吞吐量为 337.1ops/s。可以看出，频繁测试的过程中，集群完成数据读写后还有后续的内部操作，性能并不是最佳，一段时间后，集群的性能才达到最佳。

第四节 Hadoop 平台下电力设备监测数据的存储优化与并行分析

一、课题背景

随着电网规模的快速增长、电网结构日趋复杂，同时用户对电能供应可靠性要求不断提高，传统电力设备预防性试验和检修方式越来越不能满足电网安全经济运行和用户对供电可靠性的要求。电力企业纷纷加大了电力设备状态监测技术的推广和应用力度，智能电力设备数量的不断增长，从设备中获取与传输的各类数据发生几何级的增长[19]。这些数据不仅包括了设备异常时出现的各类故障信号、运行过程中各类设备的状态信息，同时还包含了大量的相关数据，如地理信息、天气、现场温度与湿度以及检测视频、图像以及相关实验文档等，逐渐构成电力设备状态监测大数据。

如何对电力设备状态监测大数据进行高效、可靠地存储，并快速访问和分析，是当前重要的研究课题。通过对状态监测大数据的集中存储和管理，用户不仅可以直接在数据中心获得监测设备的历史与当前状态，而且通过对集中存放的群体数据进行分析，可以实现复杂事件与规律的感知。此外，状态监测大数据的集中管理还使得基于大数据分析的电力设备负载能力动态评估、动态增容、电力设备状态评价、故障预测以及基于设备状态和系统风险的智能调度成为可能。

电力设备状态监测系统中大量的监测节点根据配置好的采样率及传输规约不断地向数据平台传递采集的数据，形成海量的异构数据流。数据平台不仅需要可靠地存储这些数据而且需要及时地分析和处理这些数据，进而实现有效的感知和控制。通过第一章中的分析可以看出状态监测大数据"4V"特点对数据存储和处理技术形成了巨大的挑战。

在存储方面，电力设备状态监测数据的体量巨大，从 TB 级别，跃升到 PB 级别。现阶段在线监测系统（油色谱、局部放电、绝缘子泄漏电流、线路覆冰、电站图像监测等），涉及的数据类型多样，包含结构化（在线监测数值、台账信息等）和非结构化数据（图像等）。随着监测系统规模的扩大，以及数据采样频率的提高，上述数据量还将成倍增加。监测系统不仅需要存储这些采样数据的当前值，而且在多数情况下还需要存储所有的历史采样值以满足溯源处理和复杂数据分析的需要。

一方面，多源异构数据之间存在相关性，考虑这种相关性可能有助于实现更合理的逻辑存储模式。与设备状态评估相关的数据来源广、种类众多，包括在线监测实时数据、设备台账信息、预试数据以及音视频等非结构化数据。在大数据应用过程中，需要对多种监测数据进行关联分析，也需要对电网系统外数据（气象、地理、环境等）与监测数据进行关联分析。这种基于大数据的关联分析增加了电力设备状态评估、故障预测等高级应用的复杂度；另一方面，由于关联分析涉及的数据体量巨大，所使用的数据统计分析算法、数据挖掘算法的执行效率在面对大数据时受到很大的影响，对数据存储和数据分布方法提出了更高的要求。

需要特别关注的是监测数据的时间和空间属性。监测装置节点具有地理位置属性，数据采样值具有时间属性。对状态监测数据的查询不仅仅局限于按照设备关键字查询，还可以基于复杂的逻辑约束条件进行多条件查询，例如，查询某个指定地理区域中所有输电线路监测装置在规定时间段内所采集的数据并对它们进行统计分析。因此，对电力设备状态监测数据的空间与时间属性进行有效的管理与分析处理是至关重要的。

在数据处理性能方面，基于大数据分析的电力设备状态评估、风险预测等高级应用要求对海量的历史数据进行离线分析处理，这要求数据平台能够提供并行化的海量历史数据批处理的能力，对系统的吞吐量提出挑战。

针对上述电力设备状态监测大数据管理所面临的挑战，目前尚没有有效的解决方法。在大数据处理方面，目前公认的最有效的方法之一是云数据管理技术。以开源社区 Aapche 的 Hadoop 项目实现的 Hadoop 分布式文件系统（Hadoop Distributed File System，HDFS）和并行编程框架 Hadoop MapReduce 为代表的云计算技术成为大数据存储与分析处理的主流技术，具有高性能、高可靠性和高可扩展性的优点，目前已广泛应用于雅虎、Facebook 等互联网公司的海量数据存储与分析应用中[20]。因此，Hadoop 云计算技术成为电力大数据存储与处理的一种重要的备选方案，云计算在电力系统中目前已经存在一些具体的应用。但是与互联网领域的云计算应用相比，电力设备监测无论在数据存储、通信还是计算方面都有很大的差异，将 Hadoop 应用于电力设备状态监测系统时仍存在如下问题：

（1）云数据管理系统主要采用"key – value"数据库[21]，即按照主关键字对数据进行分布组织和查询处理。这种方法无法有效地支持对电力设备状态监测数据的多条件时空查询处理[22]。

（2）HDFS 的数据分布未考虑数据的相关性。HDFS 主要根据数据节点的负载，随机选择数据存放的位置。从电力设备状态监测系统的高层应用角度考虑，某些监测数据之间具有较强的相关性，这些数据会被同一个分析任务所使用，比如同一条输电线路上导线两端的张力或三相的电流监测数据，具有较强的相关性；报警时间相近的报警数据也会具有相关性。充分考虑这种相关性，作为数据存储分布的依据，可减少数据使用时在节点间的迁移。

（3）数据划分策略方面，HDFS 默认按照 64MB 的数据块大小对数据文件进行划分，可以针对电力设备状态监测数据的特点，修改数据块规模，提高 HDFS 访问性能。

（4）数据节点配置方面，Hadoop 默认将所有数据节点放在一个机架中，这将影响 HDFS 的数据读取性能，需要实际的节点布局，为 Hadoop 运行环境配置正确的网络拓扑。

针对上述问题，本节基于 Hadoop 云计算平台进行电力设备状态监测大数据存储优化和基于 MapReduce 的并行分析处理的研究；充分考虑数据的相关性和时空属性，提出了计及数据相关性的多副本一致 Hash 存储算法，并对 Hadoop 平台的数据划分策略、数据块尺寸调整以及集群网络拓扑规划进行了优化。在优化存储基础上，基于 MapReduce 并行框架设计实现了面向电力设备状态监测大数据的多数据源并行连接查询算法和多通道数据融合特征提取并行算法。在实验室搭建 Hadoop 集群，对算法进行了测试和对比。

二、相关工作

（一）基于关系型数据库及并行数据库的数据存储

在电力设备状态监测数据的存储与查询方面，现有电力设备状态监测主站系统普遍采用企业级关系数据库进行数据的集中存储。由于关系型数据库以及所采用的按行存储模式主要被设计为支持数据记录和事务处理

（OLTP），并非海量数据分析，在海量数据装载以及查询时性能下降明显，不能很好地适应状态监测大数据的准实时处理应用需求。目前，只有少量的监测数据上传到主站系统，大量可能隐含重大价值的数据被丢弃，造成数据的极大浪费。

并行数据库技术[23]以关系数据库集群的方式来支持海量结构化数据的存储与处理，但与"key-value"数据库相比，这种方式在处理关键字查询时的性能低很多。此外由于采用了严格的事务处理机制，在监测数据频繁更新的条件下，并行数据库的数据处理效率十分低下。

（二）数据分布策略

在分布式数据存储系统的并行查询和处理中，数据的分布策略是一个关键问题，直接影响查询的执行效率。目前，在数据分布策略方面已有大量的研究，提出了许多有效的并行数据分布方法。传统负载均衡系统以及分布式实时数据系统，基于 Hash 的负载均衡或数据分布方法被广泛应用。为尽量减少节点失效或节点增加时数据的迁移，一致性 Hash 算法被提出并且广泛应用于各类分布式系统。文献［24］利用一致性 Hash 算法解决分布式视频监控系统中负载均衡问题。文献［25］考虑了多副本情况下的均匀分布，提出了多副本一致 Hash 算法。但上述两种方法并未对数据本身进行区分。文献［26］设计了一种基于 Hadoop 的分布式缓存系统，但主要考虑数据从磁盘传输至内存进行缓存，也未考虑数据的相关性。从基于大数据分析的电力设备负载能力动态评估、电力设备状态评价、故障预测等高级应用程序的角度考虑，某些监测数据之间具有较强的相关性，这些数据会同时被某一个计算任务所使用，比如来自同一位置的多种监测数据具有较强的相关性，报警时间相近的报警数据也会具有相关性。充分考虑这种相关性，作为数据存储分布的依据，以减少数据使用时在节点间的迁移，提高数据处理的性能。

综合以上分析可以看出，针对电力设备状态监测大数据管理所面临的存储和快速处理等挑战，Hadoop 平台由于在可靠性、高性能等方面的优势，适合作为电力设备状态监测大数据的存储和处理平台，但鉴于输变电设备状态监测大数据自身的特点，Hadoop 在应用时仍有很大的优化余地。

三、存储优化方法研究

（一）HDFS 的数据复制与分布策略

HDFS 被设计成能可靠地在集群中大量机器之间存储大量的文件，它以块序列的形式存储文件。文件中除了最后一个块，其他块都有相同的大小。出于故障容错的目的，属于文件的块被复制成多个副本。块的大小和复制数是以文件为单位进行配置的，应用可以在文件创建时或者之后修改复制因子。HDFS中的文件是一次写的，并且任何时候都只有一个写操作。

名字节点（NameNode）负责处理所有的块复制相关的决策。它周期性地接受集群中数据节点（DataNode）的心跳和块报告。一个心跳的到达表示这个数据节点是正常的。一个块报告包括该数据节点上所有块的列表。

块副本存放位置的选择严重影响 HDFS 的可靠性和性能。副本存放位置的优化是 HDFS 区分于其他分布式文件系统的特征。HDFS 默认采用机架敏感的副本存放策略，其目的是为了提高数据的可靠性、可用性和网络带宽的利用率。副本存放策略的实现是这个方向上比较原始的方式。短期的实现目标是要把这个策略放在生产环境下验证，了解更多它的行为，为以后测试研究更精致的策略打好基础。

HDFS 运行在跨越大量机架的集群之上。两个不同机架上的节点是通过交换机实现通信的，在大多数情况下，相同机架上机器间的网络带宽优于在不同机架上的机器。在开始的时候，每一个数据节点自检它所属的机架 ID，然后在向名字节点注册的时候告知它的机架 ID。HDFS 提供接口以便挂载检测机架标示的模块。一种简单的方式就是将副本放置在不同的机架上，这就防止了机架故障时数据的丢失，并且在读数据的时候可以充分利用不同机架的带宽。这种方式均匀地将复制分散在集群中，简单地实现了组件故障时的负载均衡。然而这种方式增加了写入成本，因为写的时候需要跨越多个机架传输文件块。

默认的 HDFS block 放置策略在最小化写开销和最大化数据可靠性、可用性以及总体读取带宽之间进行了一些折中。一般情况下复制因子为 3，HDFS的副本放置策略是将第一个副本放在本地节点，将第二个副本放到本地机架上的另外一个节点而将第三个副本放到不同机架上的节点。这种方式减少了机架间的写流量，从而提高了写的性能。机架故障的几率远小于节点故障。这种方式并不影响数据可靠性和可用性的限制，并且它确实减少了读操作的网络聚合带宽，因为文件块仅存在两个不同的机架，而不是三个。文件的副本不是均匀地分布在机架当中，1/3 在同一个节点上，1/3 副本在同一个机架上，另外 1/3 均匀地分布在其他机架上。这种方式提高了写的性能，并且不影响数据的可靠性和读性能。

为了尽量减小全局的带宽消耗读延迟，HDFS 尝试返回给一个读操作离它最近的副本。假如在读节点的同一个机架上就有这个副本，就直接读这个，如果 HDFS 集群是跨越多个数据中心，那么本地数据中心的副本优先于远程的副本。

（二）数据分布优化

从电力云平台的上层应用程序角度考虑，数据的分布主要受以下因素的影响：

（1）数据需要尽量均匀的分布到集群中各节点，以保持负载均衡；

（2）Hadoop 集群中节点故障被视为一种常态，优化数据分布式需要考虑节点失效问题；

（3）为保证数据的可靠性及查询处理效率，需要采取多副本冗余方案；

（4）Hadoop 运行环境下，网络传输及磁盘 I/O 操作是影响整体性能的重要因素，如果能减少无关数据的通信量，将能有效减少数据处理时间。

位于同一设备或属于同一条输电线路上的状态监测数据具有相关性，这些数据有可能用于同一个计算任务。以状态监测系统中常用的数据关联查询为例，在执行 MapReduce 关联查询时，采用标准的 Hadoop 数据布局方案（未考虑数据相关性），连接操作需要在 Reduce 阶段完成。在 Map 阶段，所有数据在多个节点上进行分组排序，之后由 Reduce 任务的 TaskTracker 节点通过远程访问的方式进行数据拉取。在这个过程中，可能有大量与最后连接操作无关的数据也在网络中被复制和传输。如果在数据上传时根据数据的设备属性，将同一设备的数据尽量存储在相同节点上，则可以在 Map 阶段完成连接操作，省去 Reduce 阶段的数据通信，使整体执行效率得到提高。

根据以上对数据布局影响因素的综合分析，对 Hadoop 的数据布局进行了优化，提出基于数据相关性的多副本一致性哈希数据存储算法（data correlation based multi-copy consistency hash algorithm，CMCH）。

算法的基本思想是：将相关的数据尽量集中存储，在数据查询和分析时，将主要工作放在 Map 端执行，以减少由 Map 到 Reduce 中间过程网络通信负载，从而提高整体查询和分析性能。每一种类型的监测装置所获得的监测数据可能具有不同的数据类型和格式，但它们的共同特点是均具有时空特性：即每个传感器采样数据均对应于一个具体的采样时间和一个具体的采集地点。这构成数据查询和分析时最常使用的关键字。由于 Hadoop 默认将数据存为 3 个副本，以提高数据存储的可靠性，算法考虑三方面的相关性：监测装置位置、数据采集时间和自定义相关性。利用一致 Hash 方法，将数据的第一个副本按照采集装置 ID 进行 Hash 映射；将数据的第二个副本按照采集时间戳进行 Hash 映射；将数据的第三个副本按照自定义相关系数进行 Hash 映射，以满足不同查询和数据分析需求。这里，相关系数作为监测数据的一个属性，根据上层查询分析应用的需求，可以将用于同一种应用程序的不同来源监测数据赋予相同的相关系数，以实现自定义的相关数据的集中存储。算法中需要构建 Hash 环，Hash 环配置如图 3 – 14 所示。

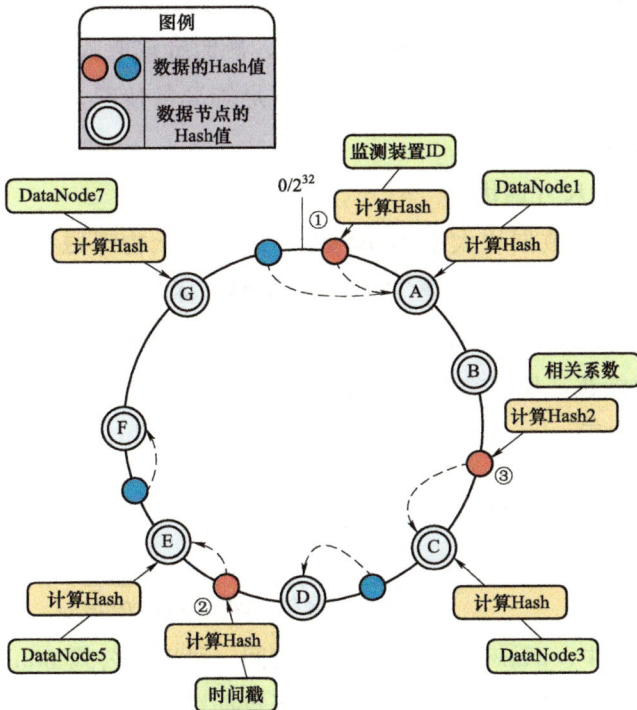

图 3 – 14　CMCH 算法示意图

CMCH 算法流程描述如下：

（1）监测数据的相关系数以及冗余的副本数量可通过配置文件预定义，这里冗余副本数量定义为 3。

（2）计算集群中每个数据节点（DataNode）的 Hash 值，并将其配置到一个 0～2^32 的圆环（哈希环）区间上。

（3）根据监测数据的时空属性以及相关系数计算数据的 Hash 值。在云平台下存在数据的多个副本。对第一份副本数据①，根据数据的来源，即监测装置 ID，计算 Hash 值 1，将其映射到哈希环上；对第二份数据②，根据监测数据的时间属性，即采集时间戳，计算其 Hash 值 2，并将其映射到哈希环上。对第三份数据③，根据数据的相关系数计算其 Hash 值 3，并将其映射到哈希环上。如果需要更高的存储可靠性，配置了大于 3 的副本数量，则交替按照上述三种方式计算其 Hash 值 i，并依次映射到哈希环上。

（4）根据数据 Hash 值和数据节点 Hash 值确定数据的存储位置。在图 3-14 中按顺时针将数据映射到距离其最近的数据节点上（数据 1 放至 A）；对于冗余副本，跳过顺环最近的节点，顺时针选取就近的新节点。

（5）若数据将存放的节点出现空间不足等异常情况，则跳过该节点寻找下一个存放节点。

（三）数据块尺寸调优

HDFS 中默认数据块大小为 64MB，远远大于物理磁盘的块大小（通常 512Bytes）。这样设计的原因是 HDFS 的主要目标是存储较大体量的文件。对 HDFS 文件进行访问时，访问时间主要包括两部分，即寻址时间和数据传输时间。访问的性能通常使用文件传输效率[27]来计算。文件传输效率 *effect* 可以使用式（3-2）表示。

$$
\begin{aligned}
effect &= \frac{trans\_time}{trans\_time + seek\_time} \\
&= 1 - \frac{seek\_time}{block\_size/speed + seek\_time}
\end{aligned}
\tag{3-2}
$$

式（3-2）中，*trans_time* 表示传输时间，可以用公式 *block_size/speed* 计算；*speed* 表示传输速度；*block_size* 表示数据块大小；*seek_time* 表示文件系统寻址时间。从式（3-2）中可以看出，文件传输效率<1。在数据布局和索

引方法确定的情况下，文件系统寻址时间和网络传输速度通常是确定的值，因此，提高文件传输率应增加数据块的大小。在 HDFS 中，可通过设置 dfs.block.size 参数进行设置。但是数据块大小过大会引起负载均衡性的下降，这需要根据接入系统的数据规模，综合考虑传输率和负载均衡因素，调整数据块的尺寸。

（四）Hadoop 集群网络拓扑规划

在进行数据读取时，名字节点（NameNode）会根据 DataNode 与客户端（Client）之间的距离对多个 DataNode 进行排序后返回给 Client，以便从最近的节点读取数据。Hadoop 中网络节点呈树状结构，树中每棵子树的根节点通常是连接计算机的交换节点（交换机），两个节点之间的距离定义为一个节点到达另一个节点所经过的跳数。在图 3－15 中，datanode1 和 datanode2 位于同一个机架内，它们通过交换节点 E3 连接，其距离为 2；datanode1 和 datanode3 位于同一机房内的相邻机架上，经过 2 级交换，它们之间的距离为 4；而 datanode1 和 datanode4 位于不同的机房，经过 3 级交换，它们之间的距离为 6。

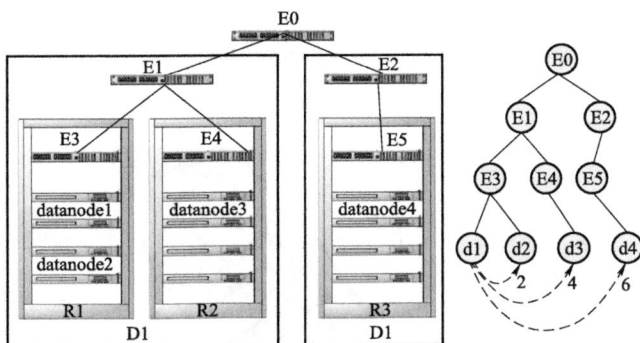

图 3－15　Hadoop 集群示例及对应树状图

Hadoop 的默认配置认为所有的节点均在一个机架中，因此需要根据实际集群的配置情况，将集群节点的网络拓扑传递给 Hadoop，才能使 Hadoop 调度器选择合理的 DataNode 进行数据读取和写入。网络拓扑结构可采用脚步代码的形式传递给 Hadoop。表 3－5 给出了一个描述图 3－15 中网络拓扑的脚本代码，输入参数 argv［1］为 IP 地址，返回值为与 IP 地址对应的网络位置。

表 3-5　　　　　　　　IP 地址到网络位置映射脚本示例

```
Top= [ <"192.168.0.1", "/D1/R1">，<"192.168.0.2", "/D1/R1">，
    <"192.168.0.3", "/D1/R2">，
    <"192.168.0.4", "/D1/R3"> ]
Print Top.get（argv [1]）
```

四、并行算例分析 1——多数据源并行连接查询

电力设备状态监测系统需要对在线监测的多种设备以及线路参数根据监测设备 ID、采样时间等条件进行综合查询。综合查询涉及设备台账数据（名称、运行时间、安装地点等）、本体参数（直径、密度、粗糙度等），监测数据（导线温度、载流量、拉力等）、环境数据（环境温湿度、气压等）、地理信息数据（海拔、经纬度等）等多数据源，这需要将不同的数据源进行数据连接。多源数据通常来自于不同的文件。以输电线路状态监测数据分析为例，作者的课题组所研发输电线路监测综合监测装置能够对绝缘子泄漏电流、导线张力、导线电流、导线温度、微气象等数据进行统一的数据采集并上送，如图 3-16 所示。在绝缘子异常、导线接头过热或塔身失衡的情况下能进行相关的信息报警。线路管理人员在异地监控室内就可监测到远方绝缘子、导线和铁塔的运行参数。

图 3-16　在铁塔上部署的输电线路综合监测装置

以泄漏电流综合查询为例，查询涉及 3 个数据文件：设备台账数据文件，其格式如表 3-6 所示；绝缘子泄漏电流数据文件，格式如表 3-7 所示；环境

数据文件，格式如表3-8所示。

表3-6　　　　　　　　　　设备台账文件

设备ID	设备名称	安装地点	运行时间
35	综合监测装置	110kV-A线-0126号-B1	2012.6
36	综合监测装置	110kV-A线-0126号-A1	2012.5
37	综合监测装置	110kV-B线-018号-A1	2012.6

表3-7　　　　　　　　　泄漏电流监测数据文件

设备ID	采集时间	N个采样值
36	20131109201237110	30 096, 30 976, …, 32 080
37	20131109203227010	33 408, 33 680, …, 32 864
35	20131109201316010	33 888, 33 536, …, 34 720
36	20131109201416010	34 800, 34 384, …, 34 624

表3-8　　　　　　　　　　环境数据文件

设备ID	采集时间	温度（℃）	湿度（%rh）
37	201311092012	2	56
35	201311092012	3	55
36	201311092011	4	53

综合查询需要生成综合监测装置在2013年11月9日20：12～20：15综合监测数据，即获得带有设备信息和环境信息的监测数据列表，这需要将三个数据文件进行连接处理，才能获得满足要求的列表，满足预期的结果如表3-9所示。本章所设计的连接查询算法同样可适用于更多张表的连接查询操作。

表3-9　　　　　　　　　　数据连接结果

设备ID	设备名称	安装地点	采集时间	温度	湿度	N个采样值
35	…	110kV-A线-0126号-B1	20131109201316010	3	55	33 888, 33 536, …, 34 720
36	…	110kV-A线-0126号-A1	20131109201237110	4	53	30 096, 30 976, …, 32 080
36	…	110kV-A线-0126号-A1	20131109201416010	4	53	34 800, 34 384, …, 34 624

所设计的连接查询算法是一个在 Map 端执行的并行过滤连接查询算法，算法的主要思想是，在 Map 阶段完成数据的过滤及连接过程，避免进行 Reduce 阶段，从而节省网络传输开销，提升查询处理性能。算法执行的前提是数据已经按照基于数据相关性的多副本一致性哈希算法进行了数据分布，从而使连接时所需要的数据聚集到了同一个数据节点。连接查询算法流程可描述如下：

（1）根据用户提出的查询条件，对数据进行过滤，去除不满足条件的数据。

（2）根据连接查询需求，设定连接组键（groupkey）；连接组键可以是监测装置 ID、时间戳或者相关系数。

（3）对各数据源的每条记录进行标记，可采用数据文件名作为标签进行标记。

（4）根据 groupkey 将相同属性值的记录划分到一组，并进行数据连接。

如图 3–17 所示，数据在优化分布后，连接查询的 Map 过程中的过滤、标记设定、分组排序、连接等操作在本地节点进行，连接查询的结果输出到 HDFS 文件系统。

五、并行算例分析 2——多通道数据融合特征提取

（一）多尺度多变量样本熵

伴随多传感测量技术广泛应用于各种电力设备监测，同步观测的多通道数据序列被采集并保存。这些同步的多通道数据序列以及序列间的相互关系蕴含着丰富的特征信息，相对于单通道数据，能更全面地反映电力设备运行状态。

目前学术界对同步序列间的相互关系并没有严格定义，但在不同领域，研究人员已提出了多种评价方法[28]。其中，2011 年由 Ahmed 等人提出的多尺度多变量样本熵（multiscale multivariate entropy，MMSE）[29]从复杂度、互预测性以及长时相关性等角度对多通道时间序列的相互关系进行评价，为研究者展现出其内在非线性耦合特征，目前已在物理、生理等学科多种领域中获得应用，如三维风速数据分析[29]、心跳和呼吸序列分析[30]等，显示了其潜在理论和应用价值。

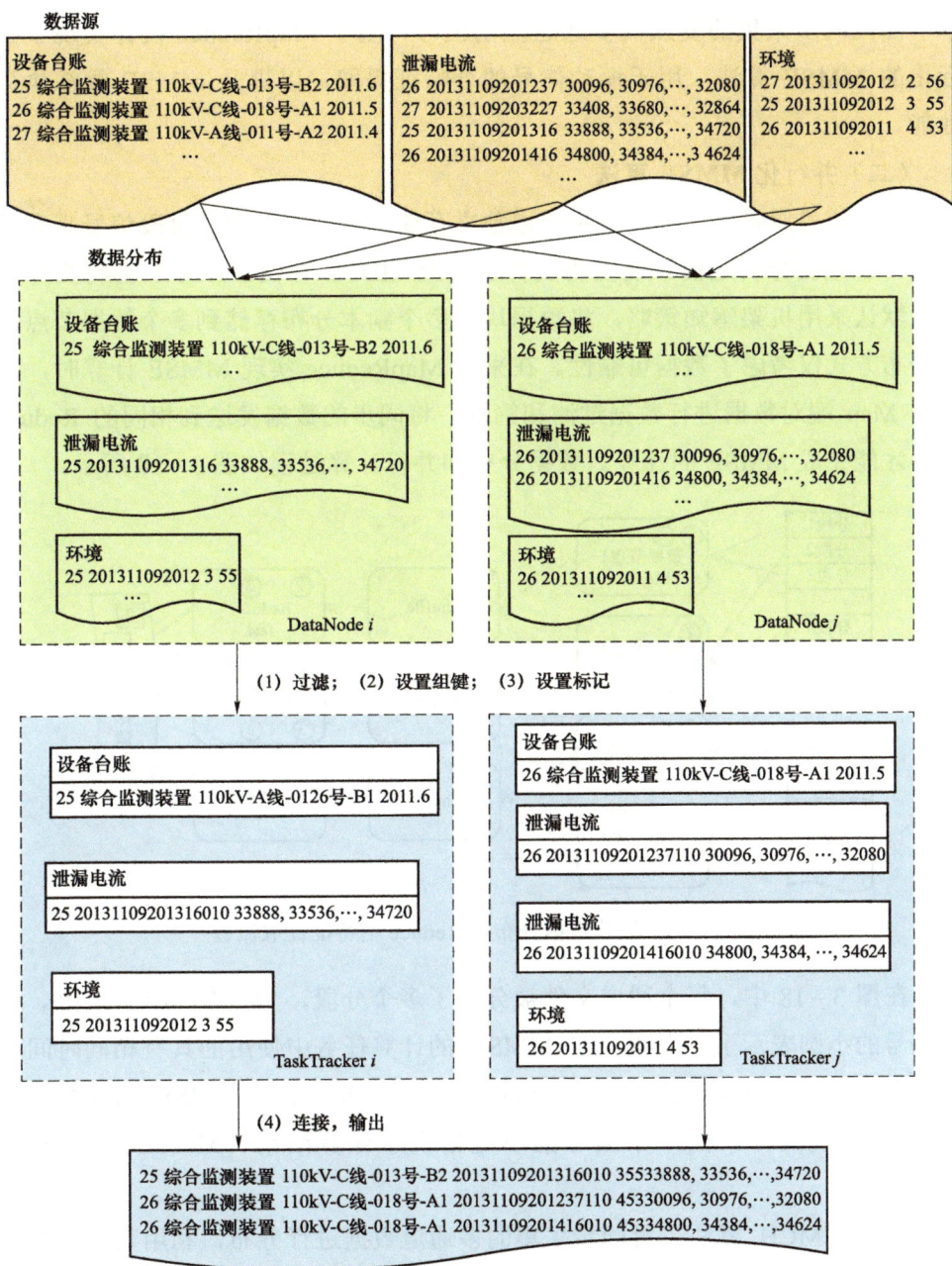

图 3-17　数据优化分布及 Map 端连接模式流程图

　　MMSE 计算过程包含粗粒化时间序列构建、复合延迟向量构建、关联度分析等复杂运算，计算量大，单机环境下运行的 MMSE 算法运算速度缓慢。

本节面向同步采集的变压器多通道振动信号，基于 MapReudce 设计实现了并行化的 MMSE 算法，用于振动信号的合特征提取，以提升 MMSE 算法执行性能。

（二）并行化 MMSE 算法

振动信号原始采样数据按照通道独立存储于多个文件中，每段信号带有时间戳。在数据分析之前，需要将文件上传至 HDFS 存储。HDFS 会将文件分块，默认采用机架感知策略，将数据块的多个副本分布存储到多个数据节点。该分布方式仅考虑了数据可靠性。在采用 MapReduce 实现 MMSE 计算时，需要在 Map 端对数据进行数据过滤和筛选，将同步的数据发送到相同的 Reduce 端，才能完成 MMSE 的计算。数据分布和并行计算过程如图 3-18 所示。

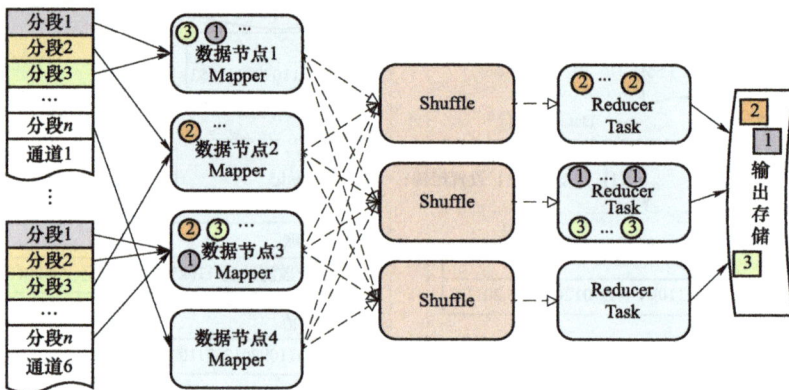

图 3-18　默认数据分布及 Reduce 端特征提取流程

在图 3-18 中，每个通道文件被分成了多个分段，分布在多个节点上。相同编号的小圆表示了会在同一个 MMSE 的计算任务中使用的具有相同时间戳的信号片段。Map 阶段仅起到了数据筛选和分发的作用，MMSE 的计算则在 Reduce 阶段执行。图中带编号的小方格表示计算结果（MMSE），存储在 HDFS 中。

应用 CMCH 算法，对同步采集的多通道数据进行分布，利用数据的时间相关性，将采集时间戳作为 Key 计算 Hash 存储位置，同步数据被映射到了相同的数据节点保存。因此，Map 任务不必再根据时间戳进行数据筛选，而是可以直接执行 MMSE 计算任务，省去了由 Map 节点到 Reduce 节点的通信开销，加速了 MMSE 的计算过程。改进后的数据分布和计算过程如图 3-19 所示。

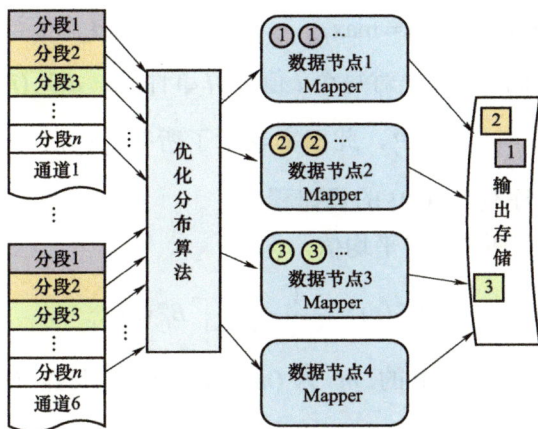

图 3-19 基于 CMCH 的数据分布及 Map 端特征提取流程

在图 3-19 中，通过优化分布，用于同一次 MMSE 计算过程的具有相同时间标记的同步数据被映射到相同的节点上（由相同颜色和编号的小圆表示），因此可以在本地直接调用 MMSE 算法过程。计算结果输出至 HDFS。

MMSE 算法[29]流程可描述如下：

（1）设原始 p 维（通道）时间序列为 $\{x_{k,i}\}_{i=1}^{N}$，$k=1,2,\cdots,p$，其中每维序列有 N 个点。首先对预先给定的尺度因子 ε，构建多变量粗粒化时间序列 $\{y_{k,j}^{\varepsilon}\}$，即

$$y_{k,j}^{\varepsilon}=\frac{1}{\varepsilon}\sum_{i=(j-1)\varepsilon+1}^{j\varepsilon}x_{k,i} \tag{3-3}$$

其中，$1\leqslant j\leqslant\dfrac{N}{\varepsilon}$，$k=1,2,\cdots,p$。当 $\varepsilon=1$ 时，序列 $\{y_{k,j}^{\varepsilon}\}$ 就是原始时间序列。

（2）根据多元嵌入理论[31]，预设参数嵌入矢量 $M=[m_1,m_2,\cdots,m_p]$，时间延迟向量 $\tau=[\tau_1,\tau_2,\cdots,\tau_p]$，利用序列 $\{y_{k,j}^{\varepsilon}\}$ 构建（$N-n$）个复合延迟向量 $Y_m(i)$，$\left(m=\sum_{k=1}^{p}m_k\right)$，即

$$
\begin{aligned}
Y_m(i)=[&y_{1,i},y_{1,i+\tau_1},\cdots,y_{1,i+(m_1-1)\tau_1},\\
&y_{2,i},y_{2,i+\tau_2},\cdots,y_{2,i+(m_2-1)\tau_2},\cdots,\\
&y_{p,i},y_{p,i+\tau_p},\cdots,y_{p,i+(m_p-1)\tau_p}]
\end{aligned} \tag{3-4}
$$

其中 $i=1,2,\cdots,N-n$，$n=\max\{M\}\times\max\{\tau\}$。

（3）定义 $Y_m(i)$ 和 $Y_m(j)$ 之间的距离为 $d[Y_m(i),Y_m(j)]$，即

$$d[Y_m(i), Y_m(j)] = \max_{l=1,\cdots,m}\{|x(i+l-1) - x(j+l-1)|\} \qquad （3-5）$$

（4）对于给定的阈值 r，对每个 i 值计算事件 P_i：$d[Y_m(i), Y_m(j)] \leqslant r, j \neq i$ 出现的概率 $B_i^m(r) = \dfrac{1}{N-n-1}P_i$，此概率表示了所有 $Y_m(j),(i \neq j)$ 与 $Y_m(i)$ 的关联程度，同时表示了序列 $\{Y_m(j)\}$ 的规律程度。

（5）求 $B^m(r)$ 对所有 i 的平均值，即

$$B^m(r) = \frac{1}{N-n}\sum_{i=1}^{N-n} B_i^m(r) \qquad （3-6）$$

（6）扩展第（2）步中的 m 为 $(m+1)$，重复步骤（3）～（5）得到 $B^{m+1}(r)$。

（7）最后计算多尺度多变量样本熵为

$$MMSE(M, \tau, r, N) = -\ln\left[\frac{B^{m+1}(r)}{B^m(r)}\right] \qquad （3-7）$$

六、CMCH 算法性能分析

由于算法考虑了数据间的相关性，使数据在未执行关联查询之前实现了有效的聚集，因此避免了查询过程中大量的节点间数据拉取操作，节约了网络通信开销，查询性能得到有效提升。

首先分析在 Hadoop 默认数据分布下执行连接查询的网络通信数据量。假设 Hadoop 集群节点数量为 N，查询任务在节点 i 上执行 Map_i 任务时所使用的数据块数量为 a_i，数据的副本数为 B，则 Map_i 所需要的 a_i 个数据块刚好都在本地的概率可表示为 $p_{i,\,all} = \left(\dfrac{R}{N}\right)^{a_i}$，此时不需要拉取其他节点上的数据，网络通信量为 0；Map_i 所需的数据块中有 k 个块在本地的概率为 $p_{i,k} = \left(\dfrac{R}{N}\right)^{k}$，则需要拉取的数据量为 $a_i - k$ 个数据块；因此，Map_i 执行时的网络通信量可表示为公式（3-8）所示的概率平均值，即

$$
\begin{aligned}
D_i &= \left(\frac{B}{N}\right) \times (a_i - 1) + \left(\frac{B}{N}\right)^2 \times (a_i - 2) + \cdots + \left(\frac{B}{N}\right)^k \times (a_i - k) + \left(\frac{B}{N}\right)^{a_i-1} \times 1 \\
&= \sum_{k=1}^{a_i}\left[\left(\frac{B}{N}\right)^k \times (a_i - k)\right]
\end{aligned}
\qquad （3-8）
$$

假设有 M 个任务节点参与计算任务，则总的网络通信量可表示为

$$D = \sum_{i=1}^{M} \sum_{k=1}^{a_i} \left[\left(\frac{B}{N} \right)^k \times (a_i - k) \right] \tag{3-9}$$

通过上述分析可以看出，网络通信量随节点数量 N 增长而增长，N 越大，相关数据聚集性越差，算法性能越差。数据备份的数量对算法的性能也有影响，数据备份数量越多，数据聚集性就越好，算法性能会有所提升，但是数据备份数量受系统数据容量以及数据一致性等各方面的影响，不能取太大，Hadoop 默认值为 3。另外，数据块的大小对网络通信量也有影响。式（3-9）是以数据块为单位衡量网络通信开销，因此数据块越小，网络通信开销就越小，但数据块的大小通常需要根据文件传输率、负载平衡等多种因素折中考虑。

七、实验与结果分析

（一）Hadoop 云计算实验平台搭建

搭建了由 10 个节点（服务器）组成的 Hadoop 集群，每个节点的配置为 4 核 CPU（Intel Core i5），主频 2.60GHz，8GB RAM 内存，1TB SATA7200rpm 硬盘（64MB 缓存），配备千兆以太网用于集群节点的互联。节点操作系统使用 Ubuntu，并安装 Apache Hadoop 云计算平台。选择 1 个节点作为主控节点（运行 Jobtracker 和 Namenode），1 个节点作为客户端，另外 8 个节点作为存储和计算节点（运行 Tasktracker 和 Datanode）。数据块的大小设置为 64MB，每个计算节点分配 3 个 Map 计算任务槽和 1 个 Reduce 计算任务槽（总数对应于 4 个 cpu 内核）。使用 TestDFSIO[32]对集群的整体 I/O 性能进行了基准测试。

（二）多数据源连接并行查询实验

为了测试存储优化后多数据源连接查询算法的性能，我们和目前稳定版本的 Hadoop 平台（Version 1.0.4）所提供的 Reduce 端连接查询处理算法做了对比试验。

实验使用了作者课题组所研发的"输电线路在线监测与诊断系统"中存储的真实数据集，数据集的具体情况见表 3-10。

表 3-10　　　　　　　　　　　连接查询实验数据集

文件名称	副本数	文件大小	占用空间	记录条数
设备台账	3	772kB	2316KB	1930
泄漏电流	3	430GB	1290GB	13.76M
环境数据	3	275MB	825MB	4586

为了验证基于 CMCH 的多数据源并行连接查询算法在不同查询需求下算法的执行性能，选择了三种典型连接查询需求进行运行测试，记录运行时间。

（1）全连接查询（不设置查询条件）：根据设备 ID 对设备台账数据、泄漏电流数据和环境数据进行连接，查询所有设备的综合信息。

（2）以设备为查询条件，查询设备 ID 在某个范围内的监测综合信息。

（3）以时间为查询条件，查询满足指定时间范围内的监测综合信息。这三类典型查询的类 SQL 语言描述见表 3-11。

表 3-11　　　　　　　　　　　连接查询实验类 SQL 描述

查询类型	类 SQL 语句描述
全连接	Select 设备 ID，设备名称，安装地点，采集时间，温度，湿度，N 个采样值 From 设备台账，泄漏电流，环境数据 Where 设备台账，设备 ID=泄漏电流，设备 ID=环境数据，设备 ID
以设备为查询条件的连接	Select 设备 ID，设备名称，安装地点，采集时间，温度，湿度，N 个采样值 From 设备台账，泄漏电流，环境数据 Where 设备台账，设备 ID=泄漏电流，设备 ID=环境数据，设备 ID && 设备 ID between ［ID1，IDn］
以时间为查询条件的连接	Select 设备 ID，设备名称，安装地点，采集时间，温度，湿度，N 个采样值 From 设备台账，泄漏电流，环境数据 Where 设备台账，设备 ID=泄漏电流，设备 ID=环境数据，设备 ID && 采集时间 between ［T1，Tn］

【实验 1】连接查询运行时间变化趋势实验。验证基于 CMCH 的多数据源并行连接查询算法执行时间与数据规模的关系。在数据集中选取不同规模的子数据集，从 50 万条记录递增至数据全集（13.76M 条），综合查询算法运行时间如图 3-20 所示。随数据规模增长，查询运行时间增长平缓。由于对数据存储布局进行了优化，综合查询过程在 Map 过程中完成，查询时间基本不涉及网络通信开销，查询性能稳定。

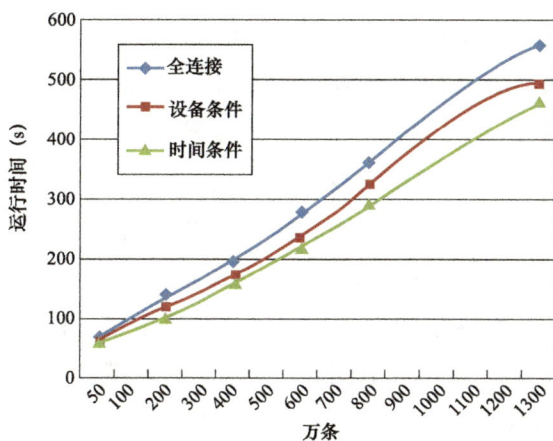

图 3-20　多数据源连接查询运行时间趋势

【实验 2】运行时间对比试验。分别使用基于 CMCH 的多数据源并行连接查询算法和标准 Hadoop 平台下 Reduce 端连接查询处理算法对数据全集（13.76M 条）进行连接查询，对比运行时间，实验结果如图 3-21 所示。基于 CMCH 的多数据源并行连接查询算法在进行全连接查询、以设备为查询条件和以时间为查询条件的连接查询时，运行时间仅为标准 Hadoop 平台上运行时间的 33.1%、32.6% 和 31.9%。性能提升的主要原因在于优化布局后使多数据源相关数据聚集，执行 Map 任务时在本地就能完成数据连接，省去了由 Map 端到 Reduce 端的数据传输，同时减少了磁盘 I/O 以及 Reduce 任务的启动开销。

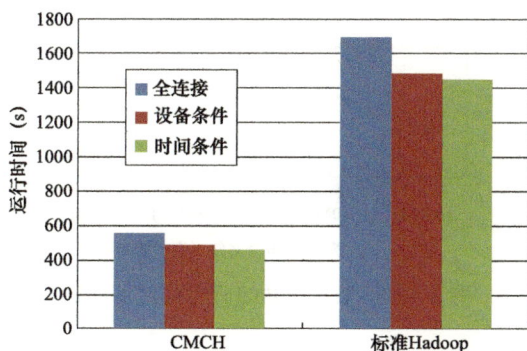

图 3-21　多数据源连接查询执行时间对比

（三）MMSE 并行计算实验

实验使用的数据集是在实验室对一台三相绕组变压器使用 6 个 ICP 型加

速度振动传感器（100mV/g）按照 10 240Hz 采样频率采集的 6 通道同步振动数据。数据按照通道独立存储于 6 个文件中，单个文件大小约为 6.5MB（含81 920 个采样点）。由于样本数量限制，为了验证基于 CHCM 的多通道数据融合并行特征提取算法在处理较大规模数据时算法的性能，对数据集进行了复制，使单个文件达到 650MB，总体规模达到 3900MB（3900=650×6）。

【实验 1】 数据上传实验。验证优化存储策略对数据上传速度的影响。分别使用标准 Hadoop 默认的随机选择数据分布策略和 CHCM 算法，将数据集从客户端本地文件系统上传至 HDFS。数据集的规模从 1 个文件（650M）递增至 6 个文件（3900M），上传过程运行时间变化趋势如图 3–22 所示。实验结果表明，两种情况下数据传输时间均随数据规模增长基本保持线性增长，数据传输率稳定。优化存储策略对数据上传速度有微小的影响，上传过程运行时间较随机分布情况下略长，传输率略有下降。使用 CHCM 算法数据传输率平均值为 19.7Mbit/s，标准 Hadoop 平台下数据传输率平均值为 21.3Mbit/s。造成这种情况的主要原因在于优化布局需要额外的处理时间完成数据节点的选择，而原始 Hadoop 平台采用随机分布的策略。

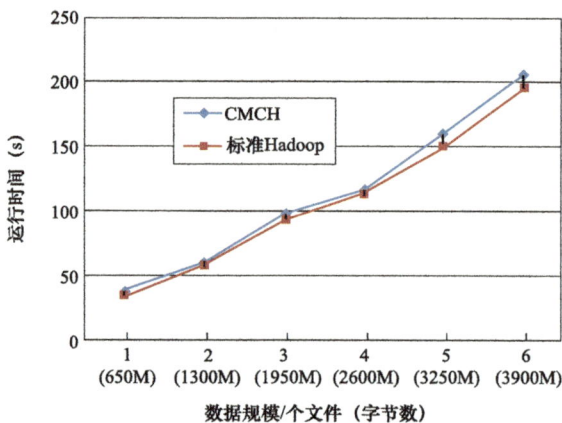

图 3–22　数据上传运行时间趋势对比

【实验 2】 运行时间趋势实验。验证基于 CMCH 的 Map 端 MMSE 并行计算时间。选择 5210 个采样点（进行 0.5s 数据采集）作为样本信号长度，计算 MMSE。多尺度因子 ε 分别取 8 和 15，嵌入维数向量设置为 $M = [2,2,2,2,2,2]$，时间延迟向量 $\tau = [1,1,1,1,1,1]$，阈值参数 $r=0.45$。数据集共包含 1600 条样本信号（3900MB）。实验样本数据规模从 200 条逐渐增加至 1600 条，算法运行时间变化趋势如图 3−23 所示。由实验结果可以看出，MMSE 求解时间随数据规模增长运行时间增长平缓，数据处理速率有所提升，表明设计的算法适合处理较大规模的数据。MMSE 计算过程在 Map 过程中完成，整体运行时间基本不受网络通信带宽影响，算法性能稳定。

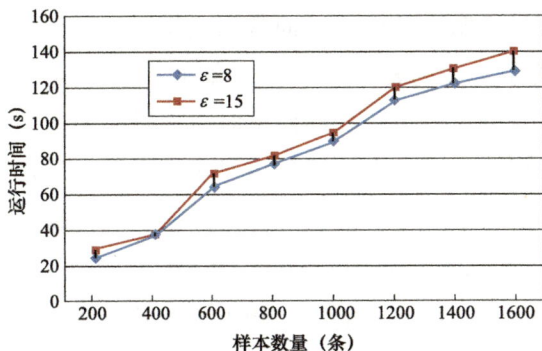

图 3−23　基于 CMCH 的 Map 端 MMSE 运行时间趋势

【实验 3】运行时间对比实验。选取不同规模的样本数据集，200 条递增至 1600 条样本，对比基于 CMCH 的 Map 端多通道数据融合并行特征提取算法运行时间和在标准 Hadoop 平台下 Reduce 端特征提取算法的运行时间，结果如图 3−24 所示。

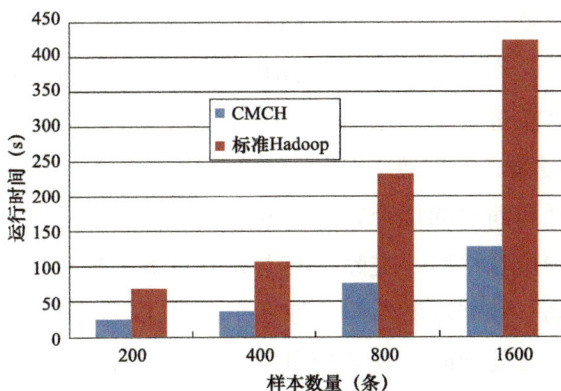

图 3−24　MMSE 运行时间对比

由于数据优化分布节约了大量的网络通信并省去了 Reduce 任务过程，优化后的特征提取运行时间仅为标准平台下运行时间的 35%左右。

第五节　云平台下并行 EEMD 局部放电信号去噪方法研究

一、课题背景

局部放电的检测对于大型电力变压器在线监测和故障诊断具有重要的实际意义。局部放电信号通常非常微弱，而数据采集现场往往又存在大量的噪声干扰[33]，可能将局部放电信号淹没。因此，如何正确地从采集到的信号中提取出局部放电信息是对变压器进行在线监测时首要解决的问题。

目前，普遍采用小波变换方法进行信号去噪[34,35]，但是小波去噪方法受小波基函数选择、分解层数确定、阈值选择等因素影响，缺乏自适应性。经验模态分解（Empirical Mode Decomposition，EMD）[36]可以自适应地处理非线性、非平稳的复杂信号，而且能解决一些小波变换不能解决的问题，一些学者研究利用 EMD 进行局放信号去噪[37,38]。与常规的小波去噪算法相比，EMD 方法对时频平面的铺砌方式没有任何限制，分解所得的每个 IMF 都反映了信号中的一种特有频率信息，不受小波母函数和最佳小波分解层数选取的限制，去噪效率和准确性更高[39]。但由于 EMD 方法存在的固有缺陷，使得在信号分解过程中会产生模态混叠现象，一些学者研究使用 EMD 的改进算法 EEMD（Ensemble EMD）进行信号去噪[40,41]，并取得较好的效果，但相关文献没有考虑现有信号分析仪器采样率高（数据量大）且 EEMD 分解运算量大导致的算法实时性差的问题。不论 EMD 和 EEMD，在进行信号分解过程中，都需要利用三次样条插值算法进行上下包络线的拟合，需要进行多次的迭代，算法计算量大，运行速度缓慢，实时性差[42]。在快速算法研究方面，文献［43］放弃三次样条插值，采用简化的拟合方法，并适当放宽终止准则；文献［44］采用 B 样条插值函数构造包络线；文献［45］只对有效数据进行拟合和进行终止准则判定；文献［46］建立滤波器组提取各个分量，以提高算法计算速度。但是这些方法在进行分段处理时，划分处引发端点效应问题；进行重叠划分时，由于各段取均值的次数不同，引起划分处的不连续问题。随着近年来大规模云计算平台的出现，与上述方法完全不同的一种思路是，能否利用云计算平台，在完全保持 EEMD 算法特性和优势的前提下，设计并行化的 EEMD，加速算法执行，并消除上述快速算法的问题。

云计算平台普遍采用 MapReduce 并行编程模型[47]，通过定义良好的接口和运行时支持库，能够自动并行执行大规模计算任务，隐藏底层实现细节，降低并行编程的难度，近年来在各类数据密集型系统中得到广泛应用[48]。这为实现快速的 EEMD 去噪提供了全新的思路。

本节的主要研究工作包括：

（1）在 EEMD 的基础上，使用仿真数据和局部放电实测数据验证了 EEMD 去噪方法优于小波去噪。

（2）采用矩形窗对信号进行分段处理，针对矩形窗的固有缺陷，提出基于局部平稳度的自适应分段包络线重构算法 LF-ASER 进行补偿处理。该算法能够自适应地确定信号分段的边界和延拓长度，确保分段包络线在分段边界处连续，二阶导数连续，实现包络线的精确重构，保持了原始 EEMD 算法特性。

（3）首次设计并实现了基于 MapReduce 模型的并行化 EEMD 算法 MR-EEMD。该算法能够有效处理高采样率信号，进行快速的 EEMD 去噪。

（4）在 Hadoop 云平台上对所提算法进行性能测试。在实验室搭建了 19 个节点的 Hadoop 云计算平台，将局部放电数据存储于 Hadoop 分布式文件系统（HDFS），并利用 Java 语言编写的 MR-EEMD 程序进行并行化信号去噪。实验结果表明，所设计的算法能够对高采样率局放信号进行有效去噪，并提供高可扩展性和加速比。

二、总体经验模态分解理论

（一）EMD 分解原理

Huang 提出，任何复杂的信号均由简单振荡模态信号组成，因此 EMD 以信号的极值点为集成，首先扫描信号，求出信号所有的极大值点和极小值点，然后利用插值法连接这些点组成上、下包络线，求取其中值形成平均包络线，并用原始信号减去平均包络线得到第一个分量。重复上述步骤直至得到的分量满足 imf 信号的定义，每一个 imf 在每一个时刻都只有一个单一的频率成分，经过 EMD 分解之后，任何信号 x(t) 在经过 EMD 分解之后都可以表示为式（3-10）的形式，即

$$x(t) = \sum_{i=1}^{N} imf_i(t) + r(t) \qquad (3-10)$$

其中，$imf_i(t)$ 为第 i 层 imf 分量，$r(t)$ 为剩余分量，N 为分解层数，于是我们可以根据其分解的 imf 分量，设计出高通、低通和带通滤波器。

（二）总体经验模态分解 EEMD

由于 EMD 在降噪的过程中，存在模态混叠现象，由此便提出了其改进方法，即总体经验模态分解 EEMD 方法。

总体经验模态分解 EEMD 是 Flandrin 等人的 EMD 算法小组和 Huang 本人的研究小组所提出的通过加噪声而进行辅助分析的算法，其本质是人为地添加强度相同但序列不同的白噪声来补充信号中缺失的尺度，并对得到的信号进行分解。在向整个时频空间中加入均匀的白噪声时，滤波器组会将这个时频空间分割成不同的尺度成分；当均匀的噪声作为信号的背景加入到其中后，不同尺度的信号区域将自动映射到与背景白噪声相应的尺度上去。在这个过程中，每个独立的测试都可能会产生非常嘈杂的结果，因为加入噪声后的信号不仅包括了有用的信号部分，还有附加在其上的白噪声。由于每个独立的测试中噪声是不相关的，因此，当添加的次数足够多时，噪声将会被消除，文献［49］指出，当添加噪声重复次数达到 100 次，并且强度为 0.1～0.3 时，能够取得较好的结果；而全体的均值就成为了真正的结果。对每次添加白噪声之后分解得到的每一层 imf 取总体平均，即为 EEMD 的 imf。

对信号进行 EMD 分解之后得到的每层 imf 分量的中心频率均严格地保持为前一层 imf 中心频率的一半[50,51]，这对于 EEMD 的分解也是如此，因此，我们可以通过选取适当频率范围的 imf 以获得不同的滤波效果。

三、EEMD 去噪

Flandrin 指出，白噪声经过 EEMD 分解出的各个分量中，第一个分量的能量最大，并且通常最先分解出来的几层 imf 分量是仅由噪声产生的，可以直接滤除。随着分解层数的增加，imf 分量会既包含噪声分量又包含有用信号分量，这几层的 imf 分量需要进行阈值处理，而最后分解得到的 imf 分量是仅由有用信号产生的，可以直接保留。因此可以得到重构后的信号，即

$$x_i'(n) = \sum_{i=m1}^{m2} imf_i'(n) + \sum_{i=m1+1}^{l} imf_i(n) \qquad (3-11)$$

其中，imf' 是经过阈值处理后的 imf 分量。

由上可知，最重要的是对 imf 分量进行阈值处理，本研究经过大量实验验证，通过式（3-12）来确定阈值，在阈值的处理方式中，由于硬阈值能够很好地保留信号的细节信息，因此我们选取硬阈值的处理方式。

$$Thr = \sigma \times \sqrt{2\ln(N)} \qquad (3-12)$$

其中，N 为信号的长度；σ 为噪声分量的标准差，σ 可通过式（3-13）来表示，即

$$\sigma = median(|x|)/0.674\,5 \qquad (3-13)$$

从 EEMD 分解的原理来看，每一次 imf 信号的产生，都伴随着一次对信号的扫描，以及对信号所有极大值和极小值的求解，如果信号的点数过多，会导致 EEMD 分解占用的时间过长，从而产生死机现象。为了究其原因，需要对 EEMD 算法性能进行评估。

为评价去噪效果，本节采用信噪比 SNR 和波形相关系数 NCC 来描述去噪后的信号和原信号的相似程度[52]，如式（3-14）和式（3-15）所示。

$$SNR = 10\lg\frac{\sum_{n=1}^{m} x^2(n)}{\sum_{n=1}^{m}[x'(n) - x(n)]^2} \qquad (3-14)$$

$$NCC = \frac{\sum_{n=1}^{m} x(n)x'(n)}{\sqrt{\sum_{n=1}^{m}|x(n)|^2 \sum_{n=1}^{m}|x'(n)|^2}} \qquad (3-15)$$

式中，$x(n)$ 为原始信号；m 为信号长度；$x'(n)$ 为去噪后的信号。由上可知，信噪比 SNR 和波形相关系数 NCC 越大，去噪效果越好。

四、EEMD 算法性能分析

EEMD 算法可描述如下：

（1）通过给原始信号 $x(t)$ 叠加一组高斯白噪声信号 $\omega(t)$ 获得一个总体信号 $X(t)$，即

$$X(t) = x(t) + \omega(t) \qquad (3-16)$$

（2）对 $X(t)$ 进行 EMD 分解，得到各阶 imf 分量，即

$$X(t) = \sum_{j=1}^{n} c_j + r_n \qquad (3-17)$$

（3）在原始信号中加入不同的白噪声 $\omega_i(t)$，重复步骤（1）和（2），过程如式（3-18）所示，即

$$X_i(t) = \sum_{j=1}^{n} c_{ij} + r_{in} \qquad (3-18)$$

（4）利用高斯白噪声频谱的零均值原理，消除高斯白噪声作为时域分布参考结构带来的影响，原始信号对应的 imf 分量 $c_n(t)$ 如式（3-19）所示，即

$$c_n(t) = \frac{1}{N} \sum_{i=1}^{N} c_{i,n}(t) \qquad (3-19)$$

（5）原始信号 $x(t)$ 最终的分解结果如式（3-10）所示，即

$$x(t) = \sum_{n=1}^{m} c_n(t) + r_m(t) \qquad (3-20)$$

通过分析算法流程可知，EEMD 通过循环迭代计算 N 个 imf 分量。在单次迭代过程中，计算量最大的过程是求曲线极值点，并根据极值点，利用三次样条插值求解曲线的上下包络线。通过在程序中加入计时器，多次统计表明，求上下包络的时间占求解 imf 时间的 85% 左右（通过变换处理信号长度计算各过程占用时间，多次求平均时间占比所得）。因此，提高算法整体性能的关键就是加快曲线上下包络线的求解过程。

有研究学者利用多核，基于 MPI 设计实现了并行化的三次样条插值算法[53]。与传统的并行计算不同，MapReduce 强调数据并行，即将数据拆分成多个部分，利用多个计算节点并行处理分布式的数据，然后进行汇总。本章基于 MapReduce 设计实现并行化的 EEMD 算法，重点是将时间占比最大的曲线极值以及包络线求解过程并行化。

五、矩形窗的引入

本节利用矩形窗函数对原信号截断，形成多个信号分段，并行处理多个分段信号。矩形窗属于时间变量的零次幂窗，其函数形式如式（3-21）所示，即

$$w(n) = \begin{cases} 1, & n \leqslant N \\ 0, & n \geqslant N \end{cases} \qquad (3-21)$$

并行处理任务在各自的矩形窗内对信号分段计算极值，并构造信号分段的上、下包络线，之后对分段包络线进行连接重构。一种简单的重构方法如式（3-22）所示，即

$$x'(n) = \sum_{l=1}^{M} xw_l(m) \qquad (3-22)$$

式中，M 为分窗的个数；$xw_l(m)$ 为第 l 个窗口信号；m 为每个窗的采样点数。

但是这种简单的重构方式未考虑矩形窗的固有缺陷，重构得到信号整体包络线与原始信号包络线相比，形状发生了扭曲，如图 3-25 所示。图 3-25 为随机选取的一段变压器局部放电信号，选取不同的分界点，分别画原始信号包络线和分段信号的包络线。从图中可以看出，分段求解的包络线与整体包络线总体上是一致的，但在窗口边界附近区域，分段包络线与整体包络线存在较大误差。图 3-25（a）选取某极小值点（$x=50$）作为边界，下包络误差相对较小，上包络误差较大。图 3-25（b）选取某极大值点（$x=51$）作为边界，上、下包络线均存在较大误差。因此，若采用式（3-22）对分段包络线进行连接重构，需要额外的处理机制对分界点附近曲线进行修正。

从图 3-25 中可以看出，无论窗口边界选择的是极大值或极小值点，上下

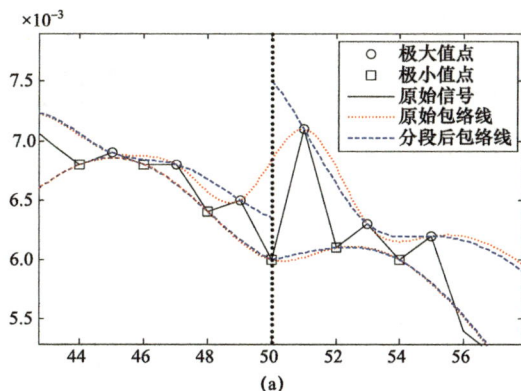

图 3-25　矩形窗口截断对分段包络线的影响（一）

（a）选取某极小值点作为分界点

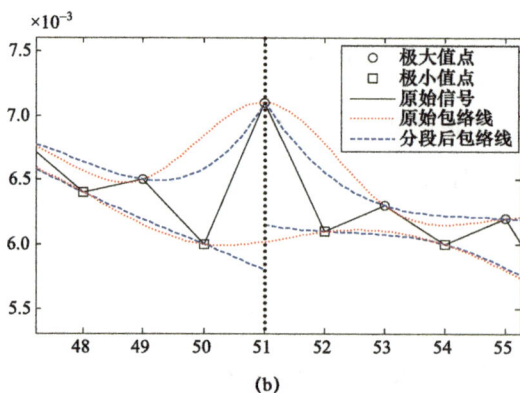

图 3 - 25　矩形窗口截断对分段包络线的影响（二）

（b）选取某极大值点作为分界点

包络线均可能存在较大误差，误差大小主要取决于边界点前后信号值的差异大小。边界点前后信号值越平稳，变化越小，则分段包络线的误差越小；反之，则越大。为了减小分段误差，一种可行的方法是对窗口进行延拓。当选取的窗口边界不同时，为获得相同的包络线误差，需要延拓的长度不同，本章首先给出延拓代价的概念。

【定义 1】延拓代价 λ：使分段包络线与总体包络线的误差小于指定阈值 ε 需要对矩形窗口进行延拓的长度。

图 3 - 26 给出了选取不同窗口边界时不同的延拓代价。图 3 - 26（a）中，

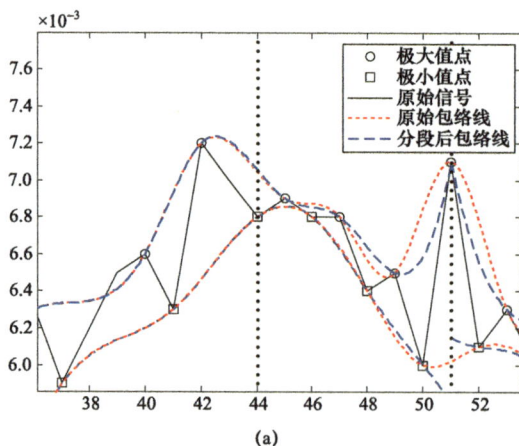

图 3 - 26　选取不同窗口边界时不同的延拓代价（一）

（a）延拓代价 λ =7

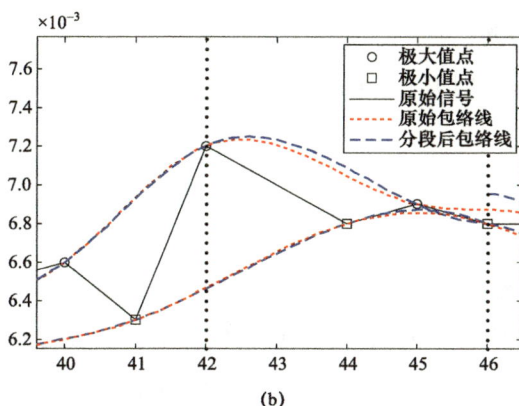

图 3 - 26 选取不同窗口边界时不同的延拓代价（二）

（b）延拓代价 $\lambda = 4$

当窗口边界取 $x = 44$ 时，需要将窗口延拓至 $x = 51$，（延拓代价为 7）才能使 $x < 44$ 的分段包络线误差较小（图中可以看到分段包络线与整体包络线几乎重合）。图 3 - 26（b）中，则仅需要延拓 4 个点即可获得可接受的误差，延拓代价为 4。

延拓的长度直接影响着包络线重构时的计算量大小，延拓代价越小越好。因此，应尽量选择信号平稳，变化较小的点作为窗口边界，使包络线重构时的延拓代价尽可能小。

从图 3 - 26 可观察到，窗口边界附近信号值变化越大，则延拓代价越大。为获得平稳的窗口边界，本章给出信号局部平稳度的概念，定量的描述信号局部变化剧烈程度，用以自适应的计算窗口边界。

【定义 2】信号局部平稳度 δ_i：描述信号中某个点 x_i 附近信号值变化相对于信号总体的剧烈程度，是一个相对大小的概念，由式（3 - 23）给出定义，即

$$\delta_i = \sqrt{\dfrac{\dfrac{1}{l}\displaystyle\sum_{j=i-[l/2]}^{j=i+[l/2]}(x_j - E_i)^2}{\dfrac{1}{n}\displaystyle\sum_{k=1}^{n}(x_k - E)^2}} \qquad (3 - 23)$$

式中，l 为信号局部的长度，信号局部可表示为如下的点集

$$\left\{ x_{i-\left[\frac{l}{2}\right]}, x_{i-\left[\frac{l}{2}\right]+1}, \cdots, x_{i-1}, x_i, x_{i+1}, \cdots, x_{i+\left[\frac{l}{2}\right]} \right\}$$

因此，l 总是奇数。

E_i 表示局部信号的均值，可用式（3－24）表示，即

$$E_i = \frac{\sum\limits_{j=i-\left[\frac{l}{2}\right]}^{j=i+\left[\frac{l}{2}\right]} x_j}{l} \qquad (3-24)$$

式中，E 为信号总体的均值。如果 $\delta_i > 1$，表示局部差异大于信号总体差异，若以此作为分界点，需要的延拓代价较大，因此点 x_i 不适合作为窗口边界；若 $\delta_i < 1$，则延拓代价较小，适合作为窗口边界。

六、基于局部平稳度的自适应分段包络线重构算法 LF－ASER

LF－ASER 算法（Local Flatness－Adaptive Segmentation Envelope Reconstruction algorithm）的主要思想是：为保证尽量减小重构误差，首先根据原始信号波形局部平稳度对用于分段的矩形窗边界进行自适应的选取，即通过逐点计算局部平稳度确定窗口边界（使局部平稳度 $\delta_i < 1$，同时满足窗口长度大于指定阈值），从而将原始信号划分成不等长的多个分段；之后，根据每个分段平稳度的大小，对窗口边界进行横向的延拓。对延拓后的信号求解包络线，再按原窗口大小对包络线进行裁切，从而保证在窗口边界处连续，且二阶导数连续，实现包络线的精确重构。具体算法描述如下。

【算法 1】LF－ASER 算法

输入：原始信号 $x(n)$，窗口长度最小阈值 $\tau_{\min}$，延拓代价表 $\lambda-table$；

输出：重构的整体包络线 $y(n)$。

1　初始化窗口边界点及拓代价集合 $\{(x(i), \delta_i)\}$ 为空集，集合长度 $l = 0$；

2　计算原始信号 $x(n)$ 的长度 n；

3　if（$n > \tau_{\min}$）then；

4　$\{(x(i), \delta_i)\} = AWS\left[x(n), \ \tau_{\min} \right]$；

5　End if；

6　for $\{(x(i), \delta_i)\}$ 中的每个窗口 $x(i)$ do；

7　根据 δ_i 查找拓代价表 $\lambda-table$，确定该窗口的延拓代价 λ_i；

8　对窗口 $x(i)$ 进行横向延拓，$i = i + \lambda_i$；

9　利用 3 次样条插值求解该窗口的包络线 we_i，并对 we_i 进行裁切，$i = i - \lambda_i$；

10   end for；

11   对各分段 we_i 进行连接，输出重构的整体包络线 $y(n)$ 。

算法中步骤 4 通过调用自适应窗口边界选择算法（Adaptive Window Edge Algorithm，AWS），进行自适应窗口边界选择，得到各分段边界以及各边界点的局部平稳度 δ_i ；在给定窗口长度最小阈值的前提下，AWS 对原始信号 $x(n)$ ，以第 $\tau_{\min}$ 个点为起点，逐点计算信号局部平稳度 δ_i ，确定窗口边界。 $x(n)$ 被划分为不定长的多个信号片段，每个片段的端点的 δ_i 值均小于 1。AWS 算法框架见算法 2。

【算法 2】自适应窗口边界选择算法（AWS）。

输入：原始信号 $x(n)$ ，窗口长度最小阈值 $\tau_{\min}$ ；

输出：窗口边界点及拓代价集合 $\{(x(i),\delta_i)\}$ ，集合长度 l 。

1   While（ $i<n$ ）do；

2   If（ $\delta_i<1$ ）；

3   将 $x(i)$ 添加至结果集；

4   $l=l+1$ ；

5   $i=i+\tau_{\min}$ ；

6   end if；

7   end while；

AWS 算法流程如图 3 – 27 所示。

在确定了窗口边界之后，各窗口边界的局部平稳度 δ_i 虽然均小于 1，但大小不同，为获得相同的包络线误差，需要的延拓代价 λ 也不相同。为确定延拓代价 λ ，需要对分段包络线的误差进行定义。本章采用相对误差以衡量分段包络线的准确性，误差的定义为

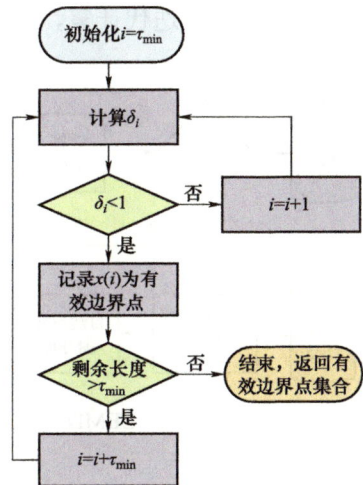

图 3 – 27   AWS 算法流程图

$$\sigma = \frac{\sum_{t=1}^{n}[x(t)-c(t)]^2}{\sum_{t=1}^{n}c(t)^2} \qquad (3-25)$$

式中， $x(n)$ 为原始信号的包络线； $c(n)$ 为由分段包络线重构的整体包络线。

在指定相对误差限 ε ，使 $\sigma \leqslant \varepsilon$ 的前提下，根据 ε 从理论上倒推出最小的延拓代价 λ 是困难的，而且计算任务繁重，影响工程实用性。本节采用实验的方

式得出 δ_i、ε 与 λ 关系的经验数据，存储为表格形式，在算法执行时，通过查表快速获得窗口需要延拓的长度。实验过程及经验数据参见实验与结果分析。

七、基于 MapReduce 模型的并行化 EEMD 算法

求解信号包络线是 EEMD 算法中最重要，也是最为耗时的步骤之一。算法 1 中对各分段求解包络线是采用循环方式串行完成的，计算量大，运行时间长，难以满足工程实用性。从算法中可以看出，在分段进行延拓后，各分段数据相互独立，包络线的求解彼此没有依赖关系，因此适合采用 MapReduce 模型将算法并行化，以提高算法执行效率。

基于上述分析，提出并行化的 EEMD 算法：MR-EEMD。在计算量大的信号包络线求解过程中对信号进行加窗分段，并行求解极值以及包络线。算法需要进行多次迭代计算，其整体流程如图 3-28 所示。算法的核心步骤包括：

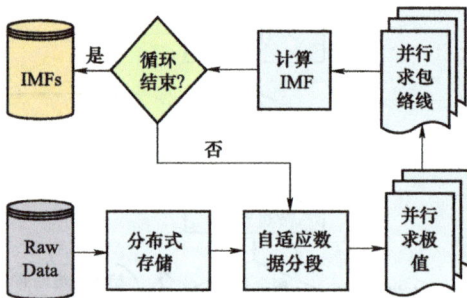

图 3-28　MR-EEMD 算法流程图

（1）数据分布式存储。为对局部放电数据进行并行去噪处理，首先需要将原始波形数据上传至 HDFS（Hadoop 分布式文件系统），以分布式文件形式存储。

（2）求极值。采用并行算法完成，算法框架见算法 4。

（3）数据预处理。分布式文件的物理存储以及数据分布由 HDFS 自动完成。数据文件的逻辑结构采用记录式文件，每条局部放电数据作为一条记录，存储为单独的一行，记录中的记录项表示一个采样值，格式如下：

1，0.0030 0.0031 0.0031 0.0034 0.0035 0.0036⋯

2，0.0032 0.0033 0.0033 0.0034 0.0034⋯

⋯

数据预处理的任务是根据算法 2 确定窗口边界，并根据延拓长度，将一条波形记录转换为 MapReduce 能够处理的波形数据矩阵，作为 Map 任务的输入。以延拓后的边界点作为窗口边界对波形记录进行分割，每个分割的记录片段作为波形数据矩阵的一行。由于记录被分割为不等长的片段，矩阵中的空余位

置补零。矩阵的宽度等于最长窗口的长度，记为 wl。矩阵的元素表示为（key，value）。key 为采样值在数据记录中的位置，value 为采样值。定义 FloatPair 类，实现了 WritableComparable 接口用于存储矩阵元素。定义 matrixInputSplit 类，继承 InputSplit 接口，用于为 Map 任务输入数据。WritableComparable 和 InputSplit 均来自 mapreduce 框架，是开源代码，详细描述请参见文献［54］。每个 matrixInputSplit 包含 wl 个（key，value）。

（4）求包络线。采用并行算法完成，算法框架见算法 5。

（5）计算 IMF。通过计算上下包络线均值得到 IMF 分量。

MR-EEMD 算法的主过程，通过多次迭代计算多个 IMF 分量。MR-EEMD 算法的框架见算法 3。

【算法 3】MR-EEMD 算法

输入：原始信号 $x(n)$、重复噪声次数 NE、噪信标准偏差比率 Nstd、窗口长度最小阈值 $\tau_{\min}$，延拓代价表 $\lambda-table$；

输出：$N\times(m+1)$ 矩阵，N 为原始信号 $x(n)$ 的长度，m 为 IMF 分量个数。

1　计算原始信号标准差 σ，$x(n)=x(n)/\sigma$；

2　计算 IMF 分量个数 TNM；

3　Loop（NE）；

4　添加白噪声；

5　loop（TNM）；

6　向量初始化；

7　loop（imf）；

8　将 $x(n)$ 转换为矩阵 Y；

9　MR-Extremum（Y）；

10　数据预处理，结果表示为 L；

11　MR-Envelope（L）；

12　求上下包络均值；

13　End loop；

14　获得一个 IMF 分量；

15　End loop；

16　End loop；

17　计算 IMF 均值，将分解结果乘以标准差σ；

18　End。

算法中步骤 9 是对曲线并行求解极值，算法框架见算法 4 MR－Extremum；步骤 10 为数据预处理，包含了算法 2，自适应的确定窗口边界，并查找延拓代价表 $\lambda-table$，对窗口进行延拓，并转换为矩阵表示。步骤 11 是上下包络线并行求解，算法框架见算法 5 MR－Envelope 算法。

【算法 4】MR－Extremum 算法

输入：

$$in\_data = \begin{bmatrix} l_1 & (k_{11},v_{11}) & (k_{12},v_{12}) & \cdots & (k_{1m},v_{1m}) \\ \cdots & & \cdots & & \cdots \\ l_n & (k_{n1},v_{n1}) & (k_{n2},v_{n2}) & \cdots & (k_{nm},v_{nm}) \end{bmatrix}$$

l_i 为矩阵行号，即将原始信号 $x(n)$ 分为 l_n 行；

输出：极大值向量 spmax，极小值向量 spmin。

（1）Map 函数：

Begin

1　输入：(key,value),key=li,value={(ki1,vi1),(ki2,vi2),$\cdots$,(kim,vim)}；

2　for all　pi$\in$in_data；

3　if　pi－1$\leqslant$pi &&pi$\geqslant$pi＋1；

4　记录 pi 为极大值点，加入 spmax；

5　End if；

6　if　pi－1$\geqslant$pi && pi$\leqslant$pi＋1；

7　记录 pi 为极小值点，加入 spmin；

8　End if；

9　if spmax 长度　or spmin 长度　＞设定阈值；

10　对边界极值点进行修正；

11　End if；

12　End for；

13　输出：{key=li，value=spmax}；

End；

（2）Reduce 函数：

Begin

1 输入：（key，value），接收所有的 Map 函数的输出；

2 对接收的局部极值片断进行连接操作；

3 输出：极大值向量 spmax，极小值向量 spmin；

End；

【算法 5】MR – Envelope 算法

输入：数据预处理的结果，表示为

$$in\_data = \begin{bmatrix} l_1 & (k_{11},v_{11}) & (k_{12},v_{12}) & \cdots & (k_{1m},v_{1m}) \\ \cdots & & \cdots & & \cdots \\ l_n & (k_{n1},v_{n1}) & (k_{n2},v_{n2}) & \cdots & (k_{nm},v_{nm}) \end{bmatrix}$$

其中，信号片段 l_i 和 l_{i+1} 存在交集，可表示为：

$$l_i \cap l_{i+1} = \bigcup_{j=m-\lambda_i}^{j=m} (k_{ij},v_{ij}) \cup \bigcup_{j=1}^{j=\lambda_i} (k_{i+1j},v_{i+1j}) \tag{3-26}$$

存在交集的原因是因为对分段进行了延拓，延拓长度为 λ_i。

输出：上包络线 upper，下包络线 lower。

（1）Map 函数：

Begin

1 输入：(key,value),key=li,value={(ki1,vi1),(ki2,vi2),…,(kim,vim)}；

2 三次样条插值计算片段上、下包络；

3 输出：{key=li, value=（upperi, loweri）}；

End；

（2）Reduce 函数：

Begin

1 输入：（key，value），接收所有的 Map 函数的输出；

2 对接收的局部包络片断进行连接；

3 输出：上包络 upper，下包络 lower；

End；

八、实验与结果分析

（一）EEMD 去噪与小波去噪的对比实验

为验证本章所提并行 EEMD 算法去噪的有效性，分别采用仿真数据和实测数据进行去噪实验，并与小波去噪进行对比。

本章采用单指数衰减振荡函数和双指数衰减振荡函数来模拟变压器局部放电数据[55]，进行仿真分析，其仿真公式如式（3-27）和式（3-28）所示。

$$s_1(t) = A_1 e^{-(t-t_0)/\tau} \sin(2\pi f_c t) \qquad (3-27)$$

$$s_2(t) = A_2 [e^{-1.3(t-t_0)/\tau} - e^{-2.2(t-t_0)/\tau}] \sin[2\pi f_c(t-t_0)] \qquad (3-28)$$

式中，A 为局部放电信号的幅值；t_0 为局部放电脉冲起始时刻；f_c 为衰减振荡频率；τ 为衰减时间常数。

分别选取模型参数 A_1 =0.25mV，A_2 =0.9mV；t_0 分别选取 50μs，80μs；f_c 分别选取 300kHz，200kHz，τ 分别选取 2μs，4μs；采样频率为 10MHz。噪声采用周期为 150kHz、幅值为 0.02mV 的周期脉冲干扰，并附加信噪比为 0.5 的随机噪声进行模拟。图 3-29 给出了原始局部放电信号和加入脉冲干扰和白噪声的信号。

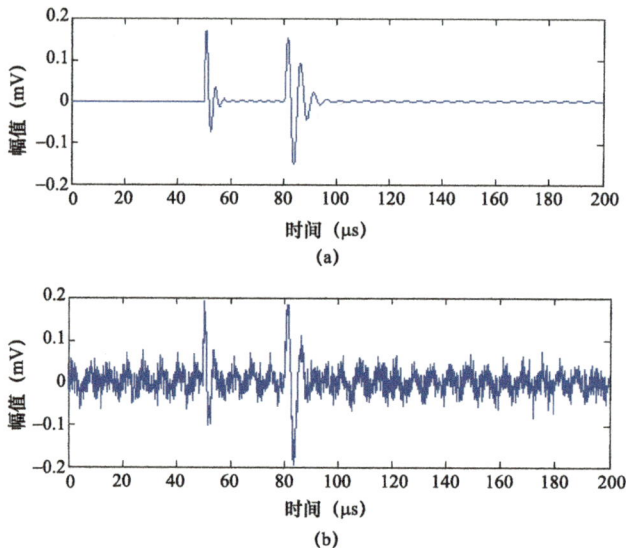

图 3-29　局部放电数据仿真信号

（a）原始未加噪声信号；（b）加入脉冲干扰和白噪声的信号

分别用小波和 EEMD 去噪，EEMD 分解之后得到 11 层 IMF，为了统一，选择小波分解的层数为 10 层，小波基为'db8'小波，得到的小波去噪后的信号和 EEMD 去噪后的信号如图 3-30 所示。

从图 3-30 中可以看出，小波去噪基本无法滤除周期脉冲干扰，而 EEMD 则能在周期脉冲干扰和白噪声干扰具有非常良好的滤波特性。

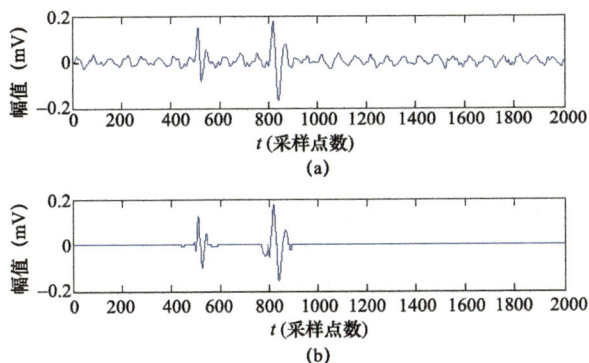

图 3－30　小波和 EEMD 去噪后信号

（a）小波降噪；（b）EEMD 去噪

为了更加细致地说明小波和 EEMD 消噪的效果，采用信噪比 SNR 和波形相关系数 NCC 来说明。由于在相同信噪比下每次去噪的效果会产生细微的差别，因此本章对该信号在两种去噪方法下做 20 组实验，然后取平均值。得到 EEMD 去噪和小波去噪后的信噪比和波形相关系数，如表 3－12 所示。

表 3－12　　　　　　　　两种去噪方法评价参数

去噪方法	信噪比 SNR	波形相关系数 NCC
小波去噪方法	5.104 3	0.831 6
EEMD 去噪方法	7.256 6	0.909 6

为了更显著地比较 EEMD 方法与小波方法去噪效果的优劣性，本章给出不同噪声信噪比下两种去噪方法的信噪比与波形相关系数。结果如图 3－31 所示。

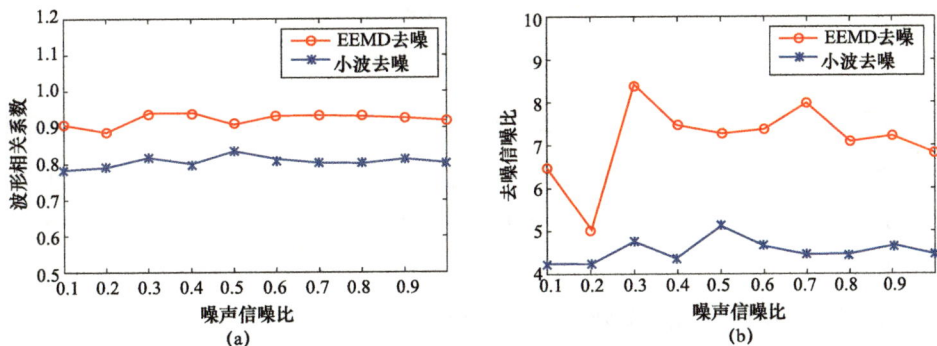

图 3－31　不同信噪比的去噪效果

（a）波形相关系数；（b）去噪信噪比

基于以上分析，在局部放电信号的去噪中，EEMD 去噪方法要明显的优于小波去噪方法。

为进一步验证本章所提算法有效性，选取某公司在线监测系统所采集局部放电实测数据进行分析。系统的采样频率为 5MHz，每个周期的信号是20ms，现场采集到的一个周期的局部放电波形如图 3-32 所示。

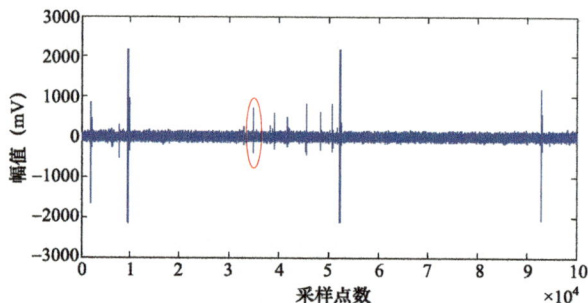

图 3-32　采集到的气隙放电波形

可以看到采集到的信号中含有很强的背景噪声，将信号图中红色圆圈处的放电脉冲放大，如图 3-33 所示。

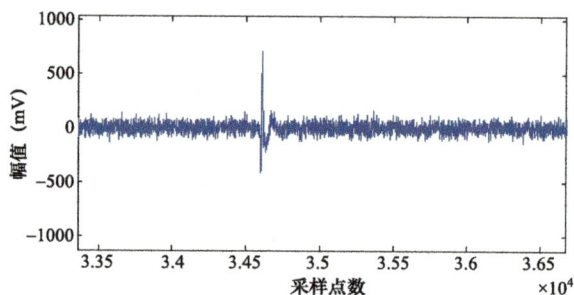

图 3-33　脉冲放大波形

从图 3-33 可以看出，采集到的信号噪声很严重，主要的噪声来源是周围的嘈杂环境以及周围设备带来的噪声，无法直接用来提取特征。采用并行EEMD 去噪之后的如图 3-34（a）所示，图 3-34（b）为使用小波去噪后的信号波形。

同样放大图中红色圆圈处的脉冲波形，如图 3-35 所示，其中（a）图是经过并行 EEMD 方法去噪后的脉冲放大波形，（b）图是经过小波方法去噪后的脉冲放大波形。

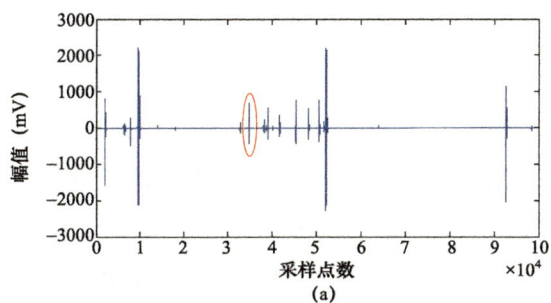

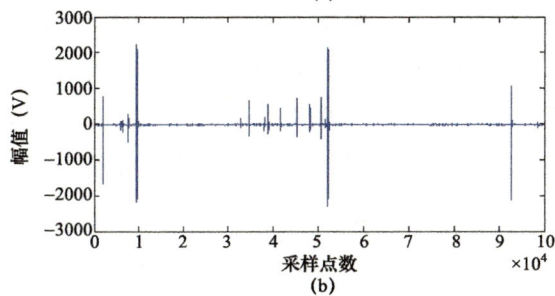

图 3-34 两种方法去噪后的波形图

（a）EEMD 去噪；（b）小波去噪

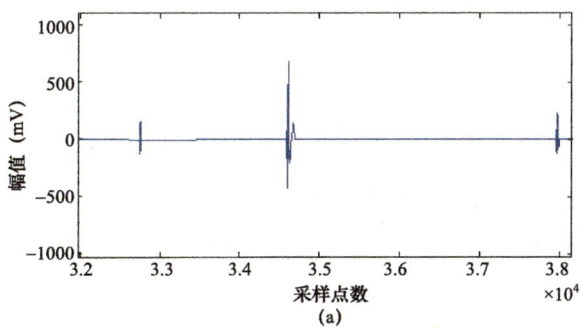

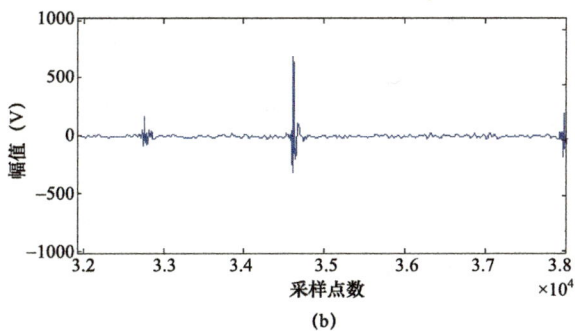

图 3-35 去噪后的脉冲放大波形

（a）EEMD 去噪放大波形；（b）小波去噪放大波形

可以看到，小波去噪后的脉冲放大波形并没有很好的滤除噪声，还存在有少量的周期脉冲干扰。而经过并行 EEMD 的方法去噪后，原信号中的背景噪声已经基本消除，较好的保留了其中的放电脉冲成分。

（二）包络线相对误差限 ε、信号局部平稳度 δ_i 与延拓代价 λ_i 的关系实验

在确定窗口边界之后，各窗口边界的局部平稳度 δ_i 虽然均小于 1，但大小不同，为获得相同的包络线误差，各窗口需要的延拓代价 λ_i 也不相同。在指定相对误差限上限 ε 的前提下，需要一种快速有效的方法，根据窗口边界的局部平稳度 δ_i 确定该窗口的延拓代价 λ_i。根据 ε 和 δ_i 从理论上倒推出最小的延拓代价 λ_i 的计算公式是困难的，本章采用实验的方式得出 δ_i、ε 与 λ_i 关系的经验数据，存储为表格，在算法执行时，通过查表快速获得窗口需要延拓的长度。

选取某公司在线监测系统所采集局部放电实测数据进行实验分析。从局部放电信号中，通过逐点计算局部平稳度 δ_i，选取 $0 < \delta_i < 1$ 范围内的点作为窗口边界，对窗口进行延拓，求分段包络，并计算相对误差。延拓长度 λ_i 从 1 开始递增变化，记录每次产生的相对误差。将 δ_i 的变化范围等分为 10 个小区间，即 $0 < \delta_i \leq 0.1, 0.1 < \delta_i \leq 0.2, \cdots, 0.9 < \delta_i < 1$，对每个区间，从实验样本中选取 20 个属于该区间范围的 δ_i 进行实验，通过递增 λ_i，计算每次的包络线相对误差。图 3-36 绘制了 $0.2 < \delta_i < 0.3$ 时，4 个 δ_i（$\delta_{i1} = 0.22$，$\delta_{i2} = 0.24$，$\delta_{i3} = 0.25$，$\delta_{i4} = 0.27$）的实验结果。从中可以看出，在确定 δ_i 后，相对误差随着延拓代价的增长而下降。平稳度相似时，形成的相对误差与延拓代价的曲线也相似。其他 δ_i 的实验结果曲线均具有上述性质。

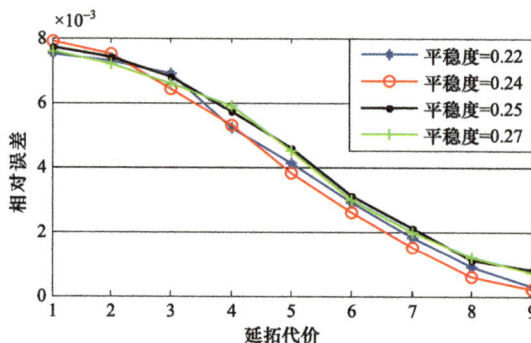

图 3-36　相对误差、信号平稳度与延拓代价的关系图

在指定 ε 的前提下，对每个 δ_i 区间，选择样本中相对误差小于 ε 的最大的

λ_i，作为该 δ_i 区间的延拓代价，根据实验数据得到 δ_i 与 λ_i 的关系数据表，如表 3-13 和表 3-14 所示。表 3-13 中，选定的相对误差上限 ε 为 1×10^{-3}，表 3-14 中，选定的相对误差上限 ε 为 5×10^{-3}。

表 3-13 　　　　　　 $\varepsilon = 1 \times 10^{-3}$，$\delta$ 与 λ 的关系数据

δ	(0, 0, 1]	(0.1, 0, 2]	(0.2, 0, 3]	(0.3, 0, 4]	(0.4, 0, 5]
λ	4	6	8	9	9
δ	(0.5, 0, 6]	(0.6, 0, 7]	(0.7, 0, 8]	(0.8, 0, 9]	(0.9, 1)
λ	9	9	10	11	12

表 3-14 　　　　　　 $\varepsilon = 5 \times 10^{-3}$，$\delta$ 与 λ 的关系数据

δ	(0, 0, 1]	(0.1, 0, 2]	(0.2, 0, 3]	(0.3, 0, 4]	(0.4, 0, 5]
λ	2	3	4	5	5
δ	(0.5, 0, 6]	(0.6, 0, 7]	(0.7, 0, 8]	(0.8, 0, 9]	(0.9, 1)
λ	6	6	7	7	8

按照同样的方式，可以获得给定其他 ε 值时 δ_i 与 λ_i 的关系数据。在算法执行时，首先根据指定 ε，确定待查询的表，然后根据 δ_i 所属的区间，确定需要进行延拓的长度 λ_i。

另外，可根据需要，将 δ_i 所属区间划分为更细粒度，例如，每个区间的宽度取 0.05，从而可以获得更准确的延拓代价。在数据的组织上，也可以将 ε 作为关系表的一列，从而将所有数据存储到 1 张表格内，表头设计如表 3-15 所示。

表 3-15 　　　　　　 ε、δ 与 λ 的关系表

ε	δ 区间	λ
5×10^{-3}	(0.5, 0, 6]	6

（三）并行化 EEMD 去噪性能分析

为验证所提并行算法运行时间性能，搭建了由 19 个节点组成的 Hadoop 云计算平台。每个节点的配置为 4 核 CPU（Intel Core i5），主频 2.60GHz，4GB RAM 内存，1TB SATA7200rpm 硬盘（64MB 缓存），配备千兆以太网用

于云平台节点的互联。每个节点的操作系统采用 Ubuntu（Version 10.04 LTS），并安装 Apache Hadoop（Version 0.20.2）云计算平台软件。将其中一个节点配置为主控节点（jobtracker，namenode），其他节点配置为计算节点（tasktracker，datanode）。对每个计算节点，根据 CPU 核的数量配置 Map 或 Reduce 任务数量上限为 4。HDFS 块的大小配置为 64MB，每个块配备 3 个物理备份。使用 TestDFSIO 对集群的整体 I/O 性能进行了基准测试。

实验数据采用变压器局部放电实测数据，采样频率为 5MHz，每个周期的信号是 20ms。在单机环境下（4 核 CPU，主频 2.60GHz，4GB RAM 内存），选取不同长度信号进行 EEMD 去噪，运行时间如表 3－16 所示。

表 3－16　　　　　　　　单机环境下 EEMD 去噪运行时间

信号长度（点数）	5000	10 000	40 000	100 000
运行时间（s）	47.3	111.4	919.1	4068.5

从表 3－16 可以看出，由于 EEMD 分解计算的复杂性，运行时间随信号长度呈非线性快速增长，对于长度为 4 万点的信号，运行时间大于 15min，工程实用性差。

在所搭建的云平台上运行 MR－EEMD 算法，选取不同长度的信号（500～100 000 点）进行去噪处理，算法参数 NE（重复噪声次数）取 100，Nstd（噪信标准偏差比率）取 0.2，窗口长度最小阈值 τ_{min} 取 5000（信号长度小于 5000 时，τ_{min} 取 500），集群节点数 19，运行时间如图 3－37（a）所示。对图 3－37（a）信号长度小于 10 000 的区域进行放大，得到图 3－37（b）。

从图 3－37 中可以看出，EEMD 去噪运行时间受信号长度影响很大，而 MR－EEMD 算法运行时间增长相对较平缓，在信号长度为 4 万点时，运行时间仅为 127s（单机运行时间大于 15min），在信号长度为 10 万点时，运行时间为 565.1s，加速比达到 7.2。由于集群通信开销等原因，在信号长度小于 5000 时，EEMD 运行速度更快，云平台优势不能体现。

为验证 MR－EEMD 算法的加速比，分别选取信号长度为 5 万点（WL－1）和 10 万点（WL－2）的两段样本进行实验。改变云平台规模运行 MR－EEMD，云平台中计算节点数从 2 个至 18 个递增，统计程序运行时间，

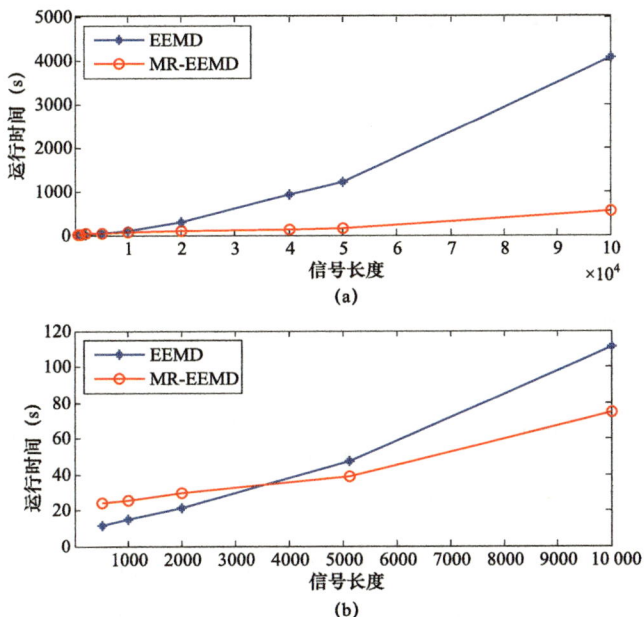

图 3-37　EEMD 与 MR-EEMD 运行时间对比

（a）总体运行时间对比；（b）信号长度小于 10 000 时运行时间对比

并计算加速比。MR-EEMD 算法参数 NE 取 100，Nstd 取 0.2，$\tau_{\min}$ 取 5000。
加速比如图 3-38 所示。

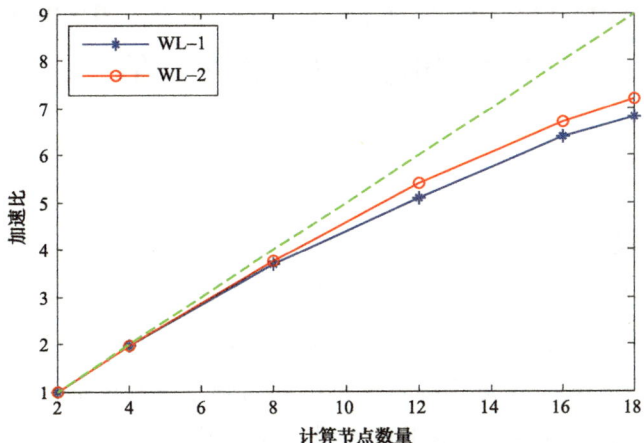

图 3-38　MR-EEMD 算法加速比

　　矩形窗口大小决定了 MR-EEMD 算法执行时并行处理的粒度，直接影响
算法运行时间。对 WL-1 和 WL-2 数据样本，分别选取 $\tau_{\min}$ 为 1000、2000、

5000、10 000，运行 MR – EEMD，统计运行时间，如图 3 – 39 所示。

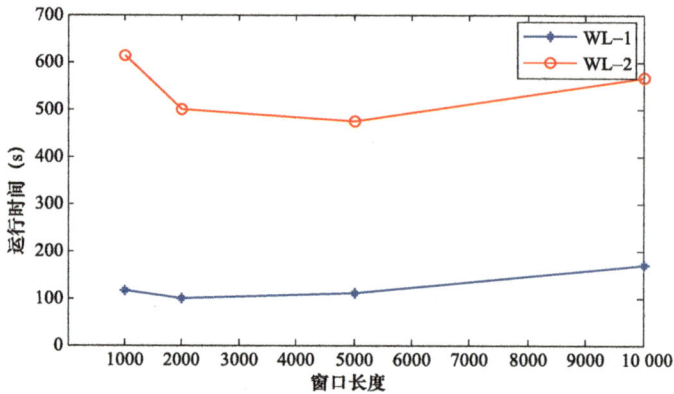

图 3 – 39　矩形窗口大小对运行时间的影响

从图 3 – 39 中可以看出，WL – 1 在窗口长度为 2000 时运行时间最短（相对本次实验的其他窗口长度），WL – 2 在窗口长度为 5000 时运行时间最短。MR – EEMD 运行时间受信号长度、窗口大小以及集群规模的影响，在集群规模一定的条件下，较小的窗口大小使得计算粒度更小，并行度更高，但节点间通信以及任务管理开销增大，需要进行折中选择，以达到最优运行效果。

第六节　基于并行化半监督 K – means 聚类的电力设备状态评估

一、课题背景

多数电力设备故障是在经历长期的恶劣环境（包括大自然和运行中的受热、电动力等）中积累起来的缓变故障，一般在故障前较长时间就出现了异常。电网设备状态评估主要针对早期轻微故障，根据有关标准、算法和经验对在线或离线采集到的数据进行综合分析，从而确定电网设备的当前状态，预测其剩余寿命或潜在故障[56]。由于电力设备早期故障状态间的区分度不大，体现在监测数据上并没有非常显著的变化，不能简单地判断有无故障，监测数据和设备状态之间具有很大的模糊性和不确定性[57]。模糊集等理论在处理这种模糊信息方面，体现出了其有效性和优越性[58]。然而，它们的成功应用均建立在大量经验知识的基础上，而准确、完备的电力设备故障和异常样本获取困难。

一方面，随着智能电网建设的推进以及电网设备在线监测装置的广泛应用，海量的未标记的状态监测样本数据积累下来[59]。这些数据蕴含丰富的信息，并可能涵盖未知的故障和异常类别。因此，寻求一种能有效利用少量经验样本和大量未知样本的电力设备状态评估方法显得尤为重要。

半监督学习（Semi-supervised Learning）[60]主要考虑如何利用少量标注样本和大量的未标注样本进行训练和分类的问题，并且已应用于机械故障诊断等领域[61,62]。本章将半监督学习引入 k-means 聚类算法，用于电网设备的状态评估。但是，半监督 k-means 聚类串行算法时间复杂度为 O（n），在面临大数据的情况下算法执行速度慢甚至程序崩溃，无法在工程实践中应用。因此，本节利用 MapReduce 并行编程，在 Hadoop 平台上设计实现了并行化的聚类算法，提高了算法的执行效率。

二、状态监测波形信号的特征提取

原始的波形信号数据冗余度较大、维度高，需要对其进行降维处理，提取能够反映设备状态的有效特征。本章选取信号波形数据的平均值、最大值、标准差作为特征，其计算公式为

$$I_{me} = \frac{\sum_{i=1}^{N} I_e(i)}{N} \qquad (3-29)$$

$$I_{maxe} = \max[I_e(i)] \qquad (3-30)$$

$$\sigma = \sqrt{\frac{1}{N}\sum_{i=1}^{N}[I_e(i) - I_{me}]^2} \qquad (3-31)$$

式中，I_{me} 表示波形信号均值，N 为采样时段内的采样点数，$I_e(i)$ 为各采样点的状态信号有效值。I_{maxe} 为波形信号各采样点有效值中的最大值。σ 为有效值与均值的标准差。I_{me} 反映了当前波形信号的基本大小，I_{maxe} 反映了当前的波形信号的峰值，是故障发生时变化显著的特征量，而 σ 从另一个角度反映了波形信号各个采样值与均值之间的偏差程度，即波形信号的分布离散程度。3个特征参量从不同角度描述了当前波形信号的特点，全面反映了设备状态特征。

三、算法研究

（一）半监督聚类算法

半监督聚类是指将半监督学习引入到聚类算法，利用少量的监督信息指导聚类过程，可有效提高聚类质量。监督信息主要以两种形式给出：类标签数据或者成对约束信息。目前，半监督聚类算法大致可分：

（1）基于约束的半监督聚类算法。这类算法利用监督信息改变聚类算法本身，包括修改目标函数[63]，执行过程中遵循约束条件[64]等方式。

（2）基于距离的半监督聚类算法。这类算法利用监督信息学习一种新的距离测度函数以满足约束条件[65]。

（3）混合算法。

本节主要研究基于 k–means 的半监督聚类算法，利用监督信息指导质心的选取，以提高聚类性能。

（二）k–means 聚类算法

k–means 是基于原型的、划分的聚类技术，它试图发现用户指定个数（k）的簇（由质心代表）。k–means 算法的描述如算法 1 所示。

【算法 1】k–means

1：Begin；

2：选择 k 个点作为初始质心；

3：repeat.

将每个点指派到最近的质心，形成 k 个簇；

4：重新计算每个簇的质心；

5：until 质心不再发生变化；

6：End.

其中，点之间的相似性度量采用欧几里得距离。

（三）半监督 k–means 聚类算法

基本的 k–means 算法的聚类中心的选择采用随机选取的方法，这种方式对于聚类结果和算法运行时间都会有影响。由于在实验室环境下可以预先根据所选类别状态进行实验，采集少量的类别已知的样本，利用这些样本进行一些分析，对聚类中心做一个估计，可以对整个聚类过程有很好的指导作用。本章利用先验知识确定算法的 k 值，并采用求均值的方法计算初始各簇的初始质心。算法 2 描述了半监督的 k–means 聚类算法。

【算法 2】Semi–supervised–k–means

输入：无标记样本集 $D = \{x_1, x_2, \ldots x_n\}$、带标记样本集 B、聚类簇数量 k；

$$B = \begin{bmatrix} c_1 & y_{11} & y_{12} & \cdots & y_{1m} \\ \cdots & & \cdots & & \cdots \\ c_k & y_{k1} & y_{k2} & \cdots & y_{km} \end{bmatrix}, \text{ 其中，某些元素可以为空。}$$

输出：k 个聚类；

1：Begin。

2：利用公式（3–32）计算 k 个初始质心。

$$Center_i = \frac{\sum_{j=1}^{m} y_{ij}}{m} \tag{3–32}$$

3：将 B 去掉标签，形成 B'，将集合 D 与 B' 合并，E=D∪B'。

4：根据公式（3–33）计算误差（SSE：Sum of the Squared Error）

$$SSE = \sum_{i=1}^{k} \sum_{x \in Center_i} dist(x, Center_i) \tag{3–33}$$

5：repeat

计算 E 中每个点到各个质心的距离，并将各个点指派到最近的质心。

6：利用公式（4）重新计算 E 的 k 个质心。

7：until SSE 不发生变化。

8：End。

（四）基于 MapReduce 的半监督 k–means 并行化算法

基于 MapReduce 并行编程模型，根据算法 2 的描述，设计并行化的半监督 k–means 算法，如算法 3 所示。

【算法 3】MR–Semi–supervised–k–means

输入：

（1）无标记样本数据：存储在 HDFS 上的 FeatureFile 文件，FeatureFile 为多行的文本文件，每行代表一条波形样本数据，具体格式可表示为{key，timestamp，value}。其中，key 代表设备 ID，表示数据来源；timestamp 为该条波形数据采集的起始时间，value 是提取的波形数据特征，用三元组表示 $value = (I_{me}, I_{max\,e}, \sigma)$。

（2）有标记样本数据，存储方式及格式 FeatureFile 类似，但没有 timestamp 标记，另外，$value = (c_i, I_{me}, I_{max\,e}, \sigma)$，其中 c_i 表示类别。

（3）聚类簇数量 k。

输出：k 个聚类，存储位置以及格式同 FeatureFile，但每条样本均增加了类别标签。

Begin

1：利用公式（3-32）计算 k 个初始质心。（由于监督样本数量较少，此过程未采用 MapReduce）。

2：迭代 MapReduce 计算质心。

Repeat

2.1　启动一个 Job；

2.2　Map 函数：

　　Begin

① 输入：样本{key，$value = (I_{me}, I_{max\,e}, \sigma)$}；

② 求取距离样本最近的距类中心 $Center_i$ 及相应的类别 C；

③ 输出：{C，$value = (I_{me}, I_{max\,e}, \sigma)$}；

　　End；

2.3　Reduce 函数：

　　Begin

① 输入：（key，value），key 为类别 C；$value = (vector_1, vector_2, ...vector_N)$，即由多个 Map 输出的同类别的样本，$value = (I_{me}, I_{max\,e}, \sigma)$；

② 根据 $(vector_1, vector_2, ..., vector_N)$ 重新计算质心 $Avg(I_{me}, I_{max\,e}, \sigma)$；

③ 输出：{C，$Avg(I_{me}, I_{max\,e}, \sigma)$}；

　　End；

Until 根据本轮 Job 输出的质心，质心变化小于设定阈值；

End.

四、实验研究

依托作者所在课题组已完成的输电线路状态监测系统，以输电线路绝缘子泄漏电流为测试数据对本章所提算法进行聚类性能和时间性能的验证。

采集设备的采集频率为 10kHz，每个工频周期（1/50s）采集 200 个数据点。在进行泄漏电流信号分析时，选取 10s 作为样本的长度，选取一个工频周期计算泄漏电流有效值，则每条波形样本数据包括 500 个有效值（500=10s/工频周期）。在此基础上计算每个样本的特征量：均值、最大值以及标准差，并以 FeatureFile 文件格式保存至 HDFS 文件系统。

文献［66］分将绝缘子闪络前划分为三个阶段，即起始阶段、发展阶段、临闪阶段，并分析了各阶段泄漏电流特性。起始阶段时泄漏电流幅值较小，绝缘子大部分时间运行在该状态，采集的样本数据大多为该状态下数据；发展阶段表明绝缘子从正常状态向闪络的发展阶段，泄漏电流幅值有一定幅度增长，该阶段时间较长，不固定，处在该状态下的绝缘子应被发出警告；临闪阶段泄漏电流幅值显著增长。依据泄漏电流信号的这些特点，我们选择 3 个类别，分别为"正常状态""发展状态""闪落状态"；各个类别体现了绝缘子不同阶段的运行状态，状态严重性依次加重，能够较好的表示绝缘子发生故障的可能性。

监督样本的来源一方面来自于高压实验室环境下，模拟真实环境进行仿真实验获得，另外一方面则来自恶劣天气条件下系统报警发生时记录的实测电流数据，根据事后的对波形数据的分析，获得其类别标签。

搭建了由 7 个节点组成的 Hadoop 集群，每个节点的配置为 2 核 CPU，主频 2.60GHz，2GB RAM 内存，256G SATA7200rpm 硬盘，配备千兆以太网用于集群节点的互联。配备操作系统 Ubuntu（Version 10.04 LTS）。在集群上安装 Apache Hadoop（Version 1.0.4）云计算平台，使用 TestDFSIO 对集群的整体 I/O 性能进行了基准测试。

实验用绝缘子泄漏电流数据共 1000 万条。分别在 Hadoop 平台上和单机上运行半监督 k‐means 算法程序，程序采用 Java 语言编写。实验分别比较 Hadoop 与单机版的运行情况，运行时间对比如图 3‐40 所示。

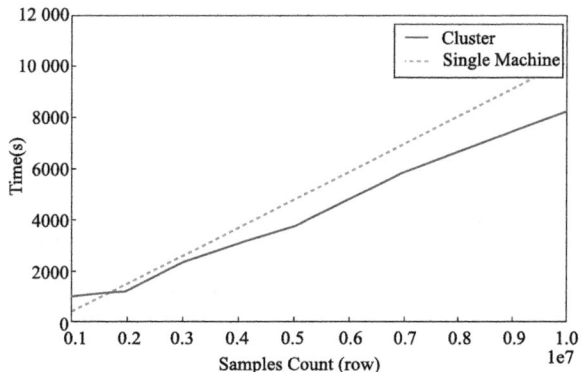

图 3‐40 运行时间对比

由图 3‐40 可以看出，

MapReduce 程序在数据量较小时运行速率并不比占优势，这是因为 Hadoop 平台的节点调度及任务分配过程也耗用了大量的时间。当样本数量达到 180 万条时。单机版程序与集群版程序运行时间基本达到一致，之后随着样本数量增加，单机版的时间增长速率更明显。

通过 MapReduce 程序的运算，获得 k-means 算法聚类中心如表 3-17 所示。从表 3-17 可以看出，不同类之间具有明显的聚类中心；表 3-18 为各聚类中心之间的距离，可以看出状态"正常"和"发展"之间的距离明显小于状态"正常"和"闪络"之间的距离，这较符合绝缘子泄漏电流信号的特征，并能较好的区分未知样本，形成警告和报警。

表 3-17   k-means 算法最终聚类中心

	Avg	Max	SD
正常	0.000 629 7	0.010 545 6	0.001 862 8
发展	0.002 869 8	0.028 410 4	0.005 542 5
闪络	0.005 705 5	0.121 916 9	0.011 683 3

表 3-18   类 中 心 之 间 的 距 离

正常：发展	正常：闪络	发展：闪络
0.018 376 8	0.111 918 6	0.093 750 9

第七节　并行化分形维数特征提取与密度聚类划分

一、电力设备波形信号的时频分形维数

分形理论描述了系统的粗糙、破碎、不规则、不光滑程度及复杂性。基于盒计数方法和现代功率谱估计的分形维数，可以较好地表征波形信号的时域和频域特征，并具有很强的区分度，适合非突发性的，设备状态间的区分度不大的波形数据的特征提取[67]。另外，实际环境中收集的状态监测数据由于工作环境的复杂性经常包含各种噪声数据，而分形理论具有较强的抗噪能力，对噪声数据不敏感，可以有效的处理此类数据。

时域分形维数表征序列中任意一段与序列整体之间的相似度（波动性）；

分形维数越高，波动性越大。监测数据在频域中也包含了丰富的信息，比如泄漏电流数据三次和五次谐波在污闪前会迅速升高[68]。而基于功率谱密度的分形维数值表征了监测数据的频域特征。功率普分形维数越大，表明信号的波动大，信号中相邻点之间的相关性弱，信号包含的高频成分多。本章利用分形理论对监测数据降维处理，并分别提取了时域和频域分形维数特征量，用于聚类划分。

1. 时域分形维数计算

分形维数可以采用盒计数法计算，但盒计数法计算复杂度高，当应用于大量时间序列数据时，计算量庞大。因此，应用数字化离散时间序列数据的分形维数计算公式[67]。设信号的时间序列为：$x(t_1)$、$x(t_2)$、$...x(t_N)$、$x(t_{N+1})$，其中 N 为偶数。通过盒计数法计算得到的分形维数 D_t 可以表示为

$$D_t = 1 + \log_2 \frac{d(\Delta)}{d(2\Delta)} \tag{3-34}$$

在式（3-34）中

$$d(\Delta) = \sum_{i=1}^{N} |x(t_i)| - x(t_{i+1}) \tag{3-35}$$

$$d(2\Delta) = \sum_{i=1}^{N/2} \{ \max[x(t_{2i-1}), x(t_{2i}), x(t_{2i+1})] - \min[x(t_{2i-1}), x(t_{2i}), x(t_{2i+1})] \} \tag{3-36}$$

2. 频域分形维数计算

在计算功率普估计中，AR 模型具有良好的特性，其计算公式为

$$P_x(e^{jw}) = \sigma^2 \bigg/ \left| 1 + \sum_{k=l}^{p} a^k e^{-j\omega k} \right|^2 \tag{3-37}$$

其中，σ^2 为激励白噪声的方差；$P_x(e^{jw})$ 为功率谱密度；a^k 为模型参数。

AR 模型功率谱估计需要通过 levinson_dubin 递推算法由 Yule-Walker 方程求得 AR 的参数：σ^2、a^1、a^2、$\cdots$、a^k。并在双对数功率谱 $\log p(\omega) - \log \omega$ 图上描述各个点，利用最小二乘法拟合直线，设所拟合的直线斜率为 K，则基于现代功率普估计的分形维数 D_h 可以表示为

$$D_h = (5 + K) / 2 \tag{3-38}$$

二、基于分形维数特征的半监督 DBSCAN 聚类划分算法

在完成分形维数特征提取之后，面对大量特征数据，需要借助聚类算法来

有效的处理数据。目前存在很多种聚类算法，在算法选择上，由于监测数据在空间中的几何形状是任意的，因此聚类算法要求可以发现任意形状的聚类；异常数据不影响聚类划分的效果，聚类算法可以处理噪声数据和较强的抗干扰能力。基于以上分析，本节选择基于密度的聚类算法 DBSCAN（Density – Based Spatial Clustering of Applications with Noise）。

DBSCAN 是一个比较有代表性的基于密度的聚类算法。它能够把具有足够高密度的区域划分为簇，并可有噪声的情况下发现任意形状的聚类[69]，具有较强的抗干扰能力，需要人工干预也较少。

当聚类的数据规模较小时，DBSCAN 运行速度比较快，但该算法的时间复杂度比较高，达到 $O(n^2)$，即使采用空间索引技术（R 树等）时间复杂度仍为 $O(n\log(n))$。因此，DBSCAN 处理电力设备监测大数据时，性能难以保障。另外，由于 DBSCAN 在处理流程上需要对全局数据进行搜索，因此不适合应用 MapReduce 实现数据分块和分块并行。

在电力设备监测系统中，监测数据是不断到达的，本章借鉴半监督聚类思想，设计实现了增量式的监测数据聚类算法，将适合数据并行的分形维数特征计算过程和未知样本的初步筛选过程应用 MapReduce 实现并行计算。未知数据经过初筛之后，剩余的规模较小的样本，再执行 DBSCAN，并更新样本数据集。算法的整体流程如图 3 – 41 所示。

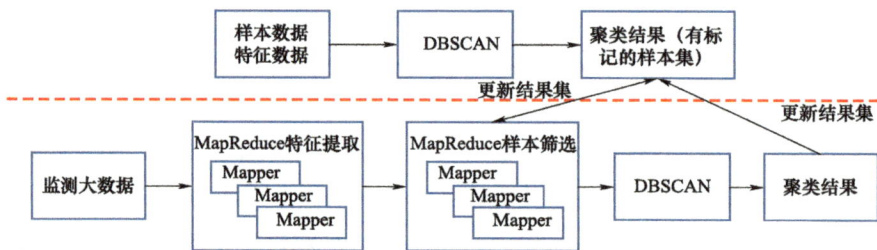

图 3 – 41　基于 MapReduce 的增量聚类算法流程图

基于 MapReduce 的增量聚类算法可描述如下：

（1）对于存储在 HDFS 上的电力设备监测大数据，执行 Map 端并行化分形维数特征提取算法。监测数据文件被分片，分布式存储在多个数据节点上。在每个数据处理节点上，并行执行 Map 过程，计算时域和频域的分形维数特征，计算结果直接存入 HDFS。Map 端算法过程如表 3 – 19 所示。

表 3-19　　　　　　　　　　Map 端并行化分形维数特征提取算法

Mapper（特征提取）
输入：时序信号字节流，信号长度
输出：时域分形维数 D_t，频域分形维数 D_h
1：依据公式（3-34），计算该段时序信号的时域分形维数 D_t 2：计算功率谱估计； 3：计算双功率谱曲线； 4：利用最小二乘法拟合曲线的斜率； 5：依据公式（3-38），计算该段时序信号的频域分形维数 D_h

（2）对分形维数特征数据执行筛选。根据计算生成的特征量，与样本中数据进行比较，如果与某一节点距离小于 Eps，则该数据条目标记为相同的聚类，如果节点中数据与样本中所有数据距离大于 Eps，则标记为异常数据。该过程也是使用 Map 端并行化算法实现的。在执行算法之前，需要利用 Hadoop 的分布式内存技术，将已知标记的聚类样本数据分发到 Hadoop 集群各个 DataNode 节点，才能完成距离的比较和类别的标识。并行化的筛选算法如表 3-20 所示。

表 3-20　　　　　　　　　　　并行化数据筛选算法

Mapper（数据筛选）
输入：已知类别的样本集 E={e1，e2，...en}，邻域 Eps，未知样本信号分形维数特征 x
输出：分类结果（已知类别 or 异常数据）
Repeat IF　x 与 ei 的欧氏距离< Eps， THEN　x 属于类别 i；Break； ELSE　Continue； Until　所有节点完成处理； 标记 x 为异常数据

（3）对所有产生的异常点数据应用 DBSCAN 算法进行聚类划分，分析结果；根据聚类结果更新样本数据；DBSCAN 算法如表 3-21 所示。

表 3-21　　　　　　　　　　　　　DBSCAN 算法

DBSCAN
输入：包含 n 个对象的数据库，半径 Eps，最少数目 MinPts；
输出：所有生成的簇，达到密度要求。

DBSCAN

Repeat
抽取取一个未处理的点；
IF 该点是核心点；
THEN 找出所有从该点密度可达的点，形成一个簇；
ELSE 该点是边缘点，跳出本次循环，抽取下一个点；
UNTIL 所有的点都被处理完成；

在 DBSCAN 算法中需要确定参数 *Eps* 和 *MinPts*。对 *Eps* 可以采用下式预估计

$$Eps = \left(\frac{\prod_{i=1}^{n}[\max(x_i) - \min(x_i)] \times MinPts \times \prod(0.5 \times n + 1)}{m \times \sqrt{\pi^n}} \right)^{\frac{1}{n}} \quad (3-39)$$

其中，m 表示特征向量的长度，n 表示数据集的大小。对于 *MinPts* 可以采用经验估计方法，如果点数量较少，可以取 3，如果点数量足够多，可以取较大的值。

（4）随着监测数据的不断到来，重复步骤（1）～（3），以增量计算的方式完成监测大数据的聚类划分和类别标识。

三、实验结果与分析

本节从某输电线路在线监测系统收集了丰富的实测数据，以绝缘子泄漏电流数据为例，在 Hadoop 平台上完成了分形维数特征提取以及增量式密度聚类实验。

选取多种天气条件下实测的绝缘子泄漏电流数据，计算其时域和频域的分形维数。图 3-42 是一段采集数据的波形。

依据式（3-34），计算基于盒计数法的时域特征分形维数 D_t。计算频域分形维数时，首先计算得到功率谱估计，结果如图 3-43（a）所示。根据功率谱估计，得到双对数功率谱 $\log p(\omega) - \log \omega$ 曲线，结果如图 3-43（b）所示。利用最小二乘法拟合曲线的斜率 K，进而依据式（3-38），得到功率谱估计的频域特征分形维数 D_h。

通过对不同天气状况下收集的实测数据计算其时域和频域分形维数，结果如表 3-22 所示，这里主要列举了三种常见天气情况的计算值。

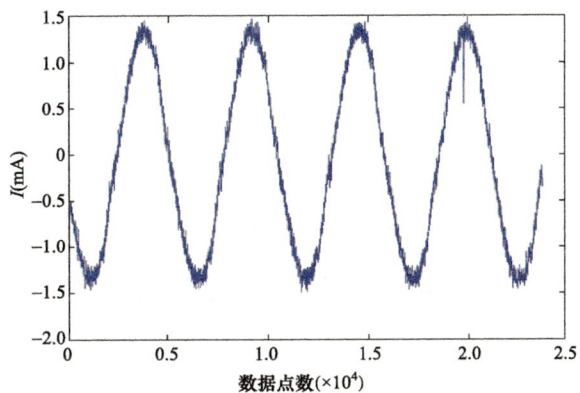

图 3-42 实测绝缘子泄漏电流波形

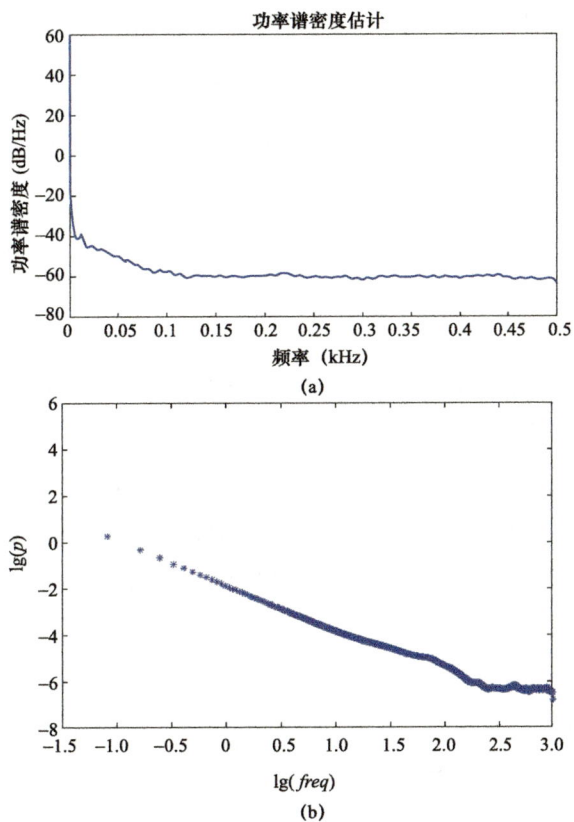

功率谱密度估计

（a）

（b）

图 3-43 频域分形维数曲线

（a）现代功率谱估计曲线；（b）双对数曲线图

表 3-22　　　　　　　　　　实测绝缘子泄漏电流数据的分形维数值

天气情况	D_t	D_h
雨天	1.331 3	0.991 2
雨天	1.338 4	1.006 4
闷热	1.428 8	0.285 6
凉爽	1.408 8	0.080 9

根据计算得到的特征量,以 D_t 为横轴,D_h 为纵轴绘制散点图,如图 3-44 所示。

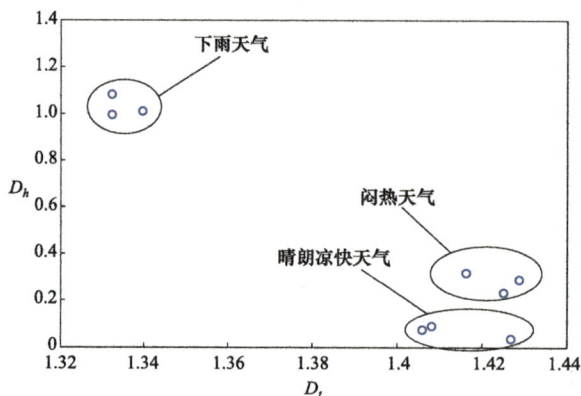

图 3-44　散点图

从图 3-44 可以看出,不同天气情况下的数据具有很强的内聚性,形成不同天气情况下的聚类。

对实测数据使用 DBSCAN 算法进行聚类划分后,部分结果如表 3-23 所示。其中 ClusterID 表示数据点属于哪个聚类,其中,-1 表示不属于任何聚类异常点;Type 表示是核心点、边界点和异常点,1 表示核心点,0 表示边界点,-1 表示异常点。

表 3-23　　　　　　　　实测绝缘子泄漏电流数据的聚类结果

D_t	D_h	ClusterID	Type
1.330 2	0.991 2	1	1
1.338 4	1.006 4	1	1
1.426 2	0.315 3	2	1
1.410 8	0.081 2	3	1

D_t	D_h	ClusterID	Type
1.500 1	1.400 1	− 1	− 1
1.435 9	0.034 5	3	1
1.480 1	1.220 1	− 1	− 1

参 考 文 献

［1］ 王德文，肖磊，肖凯. 智能变电站海量在线监测数据处理方法［J］. 电力自动化设备，2013，33（8）：142 − 146.

［2］ What Is Apache Hadoop. http://hadoop.apache.org/.

［3］ Grape 6. http://grape.mtk.nao.ac.jp/grape/news/ABC/ABC − cuttingedge000602.html.

［4］ San Diego Supercomputer Center，SDSC. http://www.sdsc.edu/.

［5］ http://markmail.org/message/xmzc45zi25htr7ry.

［6］ Tom Wbite. Hadoop 权威指南（第二版）［M］. 清华大学出版社，2011：260.

［7］ 王鹏. 云计算的关键技术与应用实例［M］. 人民邮电出版社，2010.1：8 − 9.

［8］ 于戈，谷峪，鲍玉斌，王志刚. 云计算环境下的大规模图数据处理技术［J］. 计算机学报. 2011，10（34）：1753 − 1767.

［9］ 张天成，岳德君，于戈，林树宽，谷峪. 数据流挖掘研究及其进展［J］. 小型微型计算机系统，2008.12.

［10］ 陈志诚，魏军，曾斌. 基于文件的高速采样数据存储系统设计. 武汉理工大学学报［J］，2006 年第 8 期.

［11］ 朱红霞，黄晓. 光传输网管海量数据存储访问研究. 光通信研究［J］. 2011，6.

［12］ Reeves，G.，Liu，J.，Nath，S.，Zhao，F.：Managing massive time series streams with multi − scale compressed trickles. In Proceedings of the 35th Conference on Very Large Data Bases，Lyon，France，2009.

［13］ 朱永利，翟学明，姜小磊. 绝缘子泄漏电流的自适应 SPIHT 数据压缩［J］. 电工技术学报，2011.12.

［14］ Das，K.，Bhaduri，K.，Arora，S.，Griffin，W.，Borne，K.，Giannella，C.，Kargupta，H.：Scalable distributed change detection from astronomy data streams using local，asynchronous eigen monitoring algorithms. In：Proceedings of the SIAMInternational Conference on DataMining，Sparks，Nevada，2009.

［15］王学伟，王琳，苗桂君，陆以彪，韩东，万洪杰，赵勇．暂态和短时电能质量扰动信号压缩采样与重构方法［J］．电网技术. 2012.3.

［16］Hbase Architecture. http://wiki.apache.org/hadoop/Hbase/HbaseArchitecture.

［17］Liu J，Li H，Gao Y，et al. A geohash-based index for spatial data management in distributed memory［A］. 22nd International Conference on Geoinformatics（GeoInformatics）. IEEE，2014：1－4.

［18］Cooper B F，Silberstein A，Tam E，et al. Benchmarking cloud serving systems with YCSB［A］. Proceedings of the 1st ACM Symposium on Cloud Computing（SoCC 2010）［C］. Indianapolis，2010：143－154.

［19］宋亚奇，周国亮，朱永利．智能电网大数据处理技术现状与挑战［J］．电网技术，2013，37（4）：927－935.

［20］Cooper B F，Baldeschwieler E，Fonseca R，et al. Building a cloud for yahoo!［J］. IEEE Data Eng. Bull.，2009，32（1）：36－43.

［21］DeCandia G，Hastorun D，Jampani M，et al. Dynamo：amazon's highly available key-value store［C］//ACM SIGOPS Operating Systems Review. ACM，2007，41（6）：205－220.

［22］宫学庆，金澈清，王晓玲，等．数据密集型科学与工程：需求和挑战［J］．计算机学报，2012，35（8）：1563－1578.

［23］Rao J，Zhang C，Megiddo N，et al. Automating physical database design in a parallel database［C］//Proceedings of the 2002 ACM SIGMOD international conference on Management of data. ACM，2002：558－569.

［24］胡丽聪，徐雅静，徐惠民，魏磊．基于动态反馈的一致性哈希负载均衡算法［J］．微电子学与计算机，2012，29（1）：177－180.

［25］赵彦荣，王伟平，孟丹，等．基于 Hadoop 的高效连接查询处理算法 CHMJ［J］．软件学报，2012，23（8）：2032－2041.

［26］Jing Zhang，Gongqing Wu，Xuegang Hu，Xindong Wu. A Distributed Cache for Hadoop Distributed File System in Real-time Cloud Services［C］. 2012 ACM/IEEE 13th International Conference on Grid Computing，2012.

［27］童明. 基于 HDFS 的分布式存储研究与应用［D］. 武汉：华中科技大学，2012.

［28］李鹏，刘澄玉，李丽萍，等. 多尺度多变量模糊熵分析［J］. 物理学报，2013，62（12）：120512 - 120512.

［29］Ahmed M U，Mandic D P. Multivariate multiscale entropy analysis［J］. Signal Processing Letters，IEEE，2012，19（2）：91 - 94.

［30］Morabito F C，Labate D，Foresta F L，et al. Multivariate Multi-Scale Permutation Entropy for Complexity Analysis of Alzheimer's Disease EEG［J］. Entropy，2012，7（7）：1186 - 1202.

［31］Cao L，Mees A，Judd K. Dynamics from multivariate time series［J］. Physica D Nonlinear Phenomena，1998，121（1）：75 - 88.

［32］Li J，Wang Q，Jayasinghe D，et al. Performance Overhead among Three Hypervisors：An Experimental Study Using Hadoop Benchmarks［A］. 2013 IEEE International Congress on Big Data （BigData Congress）［C］. IEEE，2013：9 - 16.

［33］郭俊，吴广宁，张血琴，等. 局部放电检测技术的现状和发展［J］. 电工技术学报，2005，20（2）：29 - 35.

［34］李化，杨新春，李剑，等. 基于小波分解尺度系数能量最大原则的 GIS 局部放电超高频信号自适应小波去噪［J］. 电工技术学报，2012，27（5）：84 - 91.

［35］江天炎，李剑，杜林，等. 粒子群优化小波自适应阈值法用于局部放电去噪［J］. 电工技术学报，2012，27（5）：77 - 83.

［36］HUANG Norden E，ZHANG Shen，LONG Steven R. The empirical mode decomposition and the Hilbert spectrum for nonlinear and non-stationary time series analysis［J］. The Royal Society，1998，454：903–995.

［37］钱勇，黄成军，陈陈，等. 基于经验模态分解的局部放电去噪方法［J］. 电力系统自动化，2005，29（12）：53 - 60.

［38］Mei-Yan Lin，Cheng-Chi Tai，Ya-Wen Tang，et al. Partial discharge signal extracting using the empirical mode decomposition with wavelet transform［C］. Lightning （APL），2011 7th Asia-Pacific International Conference. Chengdu：APL，2011：420 - 424.

［39］李天云，高磊，聂永辉，等. 基于经验模式分解处理局部放电数据的自适应直接阈值算法［J］. 中国电机工程学报，2006，26（15）：29 - 34.

［40］ Xu Jia，Yang Fan，Ma Fenghai. Research on Nonstationary Signal Denoising Based on EEMD Filter ［C］. International Conference on Multimedia Technology （ICMT）. Ningbo：Southeast University，2010，1 - 3.

［41］ 姚林朋，郑文栋，钱勇，等. 基于集合经验模态分解的局部放电信号的窄带干扰抑制 ［J］. 电力系统保护与控制，2011，39（22）：133 - 139.

［42］ 胡利萍，宋恩亮，李宝清，等. 一种适用于流数据分析的快速 EMD 算法 ［J］. 振动 与冲击，2012，31（8）：116 - 120.

［43］ Damerval C，Meignen S，Perrier V. A fast algorithm for bidimensional EMD ［J］. IEEE Signal Processing Letters，2005，12（10）：701 - 704.

［44］ Chen Q，Huang N，Riemenschneider S，et al. A b-spline approach for empirical mode decompositions ［J］. Advances in Computational Mathematics，2006，24（1）：171 - 195.

［45］ 胡劲松，杨世锡. 基于有效数据的经验模态分解快速算法研究 ［J］. 振动、测试与诊断，2006，26（2）：119 - 121.

［46］ Qin S R，Qin Y，Mao Y F. Fast Implementation of orthogonal empirical mode decomposition and its application into singular signal detection ［C］. IEEE International Conference on Signal Processing and Communications. Dubai United Arab Emirates，2007：1215 - 1218.

［47］ J Dean，S Ghemawat. MapReduce：Simplified data processingon large clusters ［J］. Communications of the ACM，2008，51（1）：107 - 113.

［48］ 刘鹏. 云计算（第二版）［M］. 北京：电子工业出版社，2011.

［49］ WU Z，HUANG N E. Ensemble empirical mode decomposition：A noise-assisted data analysis method ［J］. Advances in Adaptive Data Analysis，2009，1（1）：1 - 41.

［50］ P.Flandrin，G.Rilling，P.Gonçalvès. EMD equivalent filter banks，from interpretation to applications ［J］. Hilbert-Huang Transform and Its Applications，2005：57 - 74.

［51］ George Tsolis，Thomas D.Xenos. Signal Denoising Using Empirical Mode Decomposition and Higher Order Statistics ［J］. International Journal of Signal Processing，Image Processing and Pattern Recognition. 2011，4（2）：91 - 106.

［52］ 唐炬，许中荣，孙才新，等. 应用复小波变换抑制 GIS 局部放电信号中白噪声干扰的 研究 ［J］. 中国电机工程学报，2005，25（16）：30 - 34.

［53］苗莎，郑晓薇. 三次插值样条曲线拟合多核并行算法［J］. 计算机应用，2010，30
（12）：3194 - 3196.

［54］T. Wbite. Hadoop：The Definitive Guide，1st ed［M］. O'Reilly Media Inc，2009.

［55］Satish L，Nazneen B. Wavelet-based denoising of partial discharge signals buried in
excessive noise and interference［J］. IEEE Trans. On Dielectrics and Electrical
Insulation，2003，10（2）：354 - 367.

［56］张宝贵. 输变电设备状态评估技术的应用［J］. 高电压技术，2007，33（10）：
208 - 210.

［57］刘燕，李世其，段学燕. 模糊信息系统知识发现方法在油液监测故障诊断中的应用
［J］. 内燃机学报，2008，26（4）：374 - 378.

［58］PEDRYCZ W，AMATO A，DILECCE V，et al. Fuzzy clustering with partial supervision
in organization and classification of digital images［J］. IEEE Trans. on Fuzzy Systems，
2008，16（4）：1008 - 1012.

［59］宋亚奇，周国亮，朱永利. 智能电网大数据处理技术现状与挑战［J］. 电网技术，
2013，37（4）：927 - 935.

［60］Oilvier C，Bernhard S，Alexander Z. Semi—Supervised Learning［M］. The MIT Press，
2006.

［61］徐超，张培林，任国全，等. 基于改进半监督模糊 C - 均值聚类的发动机磨损故障诊
断［J］. 机械工程学报，2011，47（11）：55 - 60.

［62］毕锦烟，李巍华. 基于半监督模糊核聚类的齿轮箱离群检测方法［J］. 机械工程学
报，2009，45（10）：48 - 52.

［63］Basu S，Bilenko M，Mooney RJ. A probabilistic framework for semi-supervised
clustering［C］. In：Proc. of the 10th ACM SIGKDD Int'l Conf. on Knowledge Discovery
and Data Mining. 2004. 59-68.

［64］Ruiz C，Spiliopoulou M，Menasalvas E. C - DBSCAN：Density-Based clustering with
constraints［C］. In：Proc. of the Rough Sets，Fuzzy Sets，Data Mining and Granular
Computing. LNCS 4482，2007. 216-223.

［65］Tang W，Xiong H，Zhong S，Wu J. Enhancing semi-supervised clustering：A feature
projection perspective［C］. In：Proc. of the 13th Int'l Conf. on Knowledge Discovery
and Data Mining. 2007. 707-716.

［66］王磊，钟成元.绝缘子泄漏电流及其分析方法发展现状 ［J］.电气开关，2011，49
（1）：9－11.

［67］吕铁军，郭双兵，肖先赐.调制信号的分形特征研究 ［J］.中国科学 E 辑，2001，31
（6）：508－513.

［68］姚陈果，李璟延，米彦，等.绝缘子安全区泄漏电流频谱特征提取及污秽状态预测
［J］.中国电机工程学报，2007，27（30）：1－8.

［69］M. Ester，H. －P. Kriegel，J. Sander，et al. A density-based algorithm for discovering
clusters in large spatial databases with noise ［A］. Data Mining and Knowledge Discovery
［C］. ACM，1996：226－231.

第四章 基于 Spark 的电力设备 监测大数据并行分析及其应用研究

第一节 Spark 大数据处理技术

Apache Spark 是由 UC Berkeley AMP lab 所开源的快速、通用的大规模数据处理框架。Spark 可以根据数据规模和应用需要，选择将中间结果保存至磁盘或者始终保持在内存中，相对 MapReduce，可以减少大量的 HDFS 读写，因此 Spark 更适合数据挖掘、机器学习等含有复杂迭代运算的算法。Spark 总体框架如图 4-1 所示。

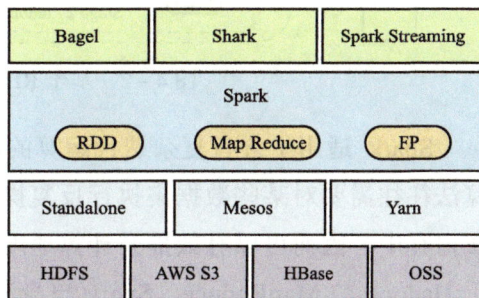

图 4-1 Spark 框架和功能组件

在图 4-1 中，Spark 可以直接对 HDFS 进行数据的读写，持久化存储还可以是 AWS S3、HBase、OSS 等。在部署模式上，支持 YARN、Mesos 和 Standalone 模式。Spark 既可以用于批处理任务，又可以完成数据流处理（Spark Streaming）。Shark 是 Spark 计算框架之上的 SQL 执行引擎，且兼容 Hive 语法，方便用户使用简洁的 SQL 语句完成数据分析任务。

在 Spark 计算中使用弹性分布式数据集（Resilient Distributed Datasets，RDD）提高效率。RDD 是分布在一组节点之间的只读对象集合。这些集合能够在部分数据集丢失的情况下重建，使得 Spark 具有容错机制。Spark 程序的执行过程，可以看作 RDD 的构建、转换过程。RDD 的数据处理流程示例如图 4-2 所示。

在图 4-2 中，对于 RDD 有两种类型的动作：Transformation 和 Action。对数据的处理由多个 Stage 组成。从 HDFS 读取输入数据，形成 RDD 后，经过多个 Stage 的多次 Transformation，最终执行 Action，将结果输出至 HDFS 保存。

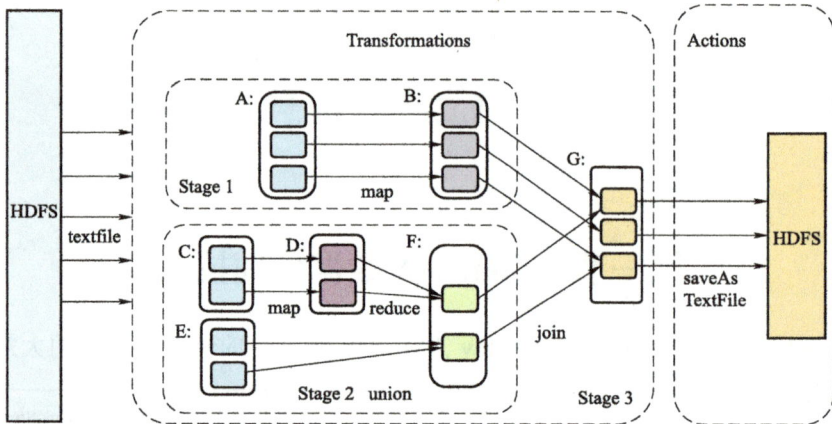

图 4 - 2　基于 RDD 的数据处理流程

Spark 适用于含有复杂迭代运算的应用场合，如：数据挖掘算法等。这些算法往往需要对某些数据集执行反复操作，Spark 能够将这些数据集始终保持在内存中，因而可以有效提升计算速度。Spark 仅是一个并行计算框架，相当于 Hadoop 的 MapReduce。Spark 自身没有大数据的持久化存储能力。Spark 的主要设计目的在于提高计算性能。

本章基于 Spark 平台研究了极端天气条件下，面对大并发访问请求和同时到达的大量报警数据，如何短时间内完成报警数据的分析和设备故障的快速诊断。这种实时性要求很高的应用场景是 Hadoop MapReduce 和 MaxCompute 所不能胜任的。

第二节　电力设备状态快速模式识别

一、课题背景

电力设备监测正在从单一参数监测向全方位、群设备监测发展，数据量成几何增长趋势。大规模海量监测数据将涌向远程电力设备监测中心，使之面临繁重的数据收集、处理、存储和分析任务。尤其是暴露于户外的设备监测，如输电线路状态监测等，受天气影响极大。在极端天气或连锁式故障情况下，电力设备或装置由于监测值越限而频繁向监测中心发送报警数据，在短时间内骤增。当前数据若得不到快速识别和诊断，随着报警的陆续增加，将造成分析任务和数据的堆积，这对监测系统的性能提出了更高要求。

传统的单机环境下，使用单任务方式，对小样本数据量适用，当样本数据量急剧增大后，存储和运算代价很高，一般很难在有限的时间内处理完成，甚至出现无法处理等情况[1]。而目前通用的 Hadoop MapReduce 技术，虽然可以有效处理大数据，但针对需要多次循环迭代的输变电设备状态评价计算分析任务，需要频繁的磁盘 I/O 操作，无法在短时间内完成对大量的越线报警数据的分析和模式识别，实时性难以满足要求[2]，需要借助内存并行技术加快数据分析的速度。

Spark 是一款基于内存计算的大数据并行计算框架。Spark 基于内存计算，使用弹性分布式数据集作为数据载体，并基于 RDD 提供了多种便捷的操作，相比 MapReduce，可以大幅提高数据处理性能，同时保证高容错性和高可扩展性。Spark 与 Hadoop 兼容并且支持多种计算模式，包括流、以图形为核心的操作、SQL 访问以及分布式机器学习等。

本章基于 Spark 并行计算框架，开展了电力设备状态快速模式识别技术的研究。K 最近邻分类算法（KNN，k–NearestNeighbor）具有简洁、参数估计简单等特点，适合对稀有事件、多分类问题进行分类，广泛应用于电力系统数据分析中。本章基于 Spark 设计实现了并行化的快速 KNN 算法 Spark–KNN，并以输电线路绝缘子泄漏电流数据为例，实现了绝缘子状态的快速模式识别。实验结果表明，执行 KNN 模式识别任务时，使用 Spark 的平均性能是 Hadoop MapReduce 的 2.97 倍。

二、监测数据在 RDD 中的分布式存储

Spark 的数据处理是建立在统一抽象的弹性分布式数据集之上，并以基本一致的方式应对各种数据处理场景，包括 MapReduce、SQL 查询、流计算、机器学习以及图计算等。RDD 是一个容错的、并行的数据结构，可以让用户显式地将数据存储到磁盘和内存中，并能控制数据的分区。同时，RDD 还提供了一组丰富的操作来操作这些数据，包括 map、flatMap、filter、join、groupBy、reduceByKey 等，使得对分布式数据的处理更加容易。

电力设备监测的波形数据或者经特征提取之后的特征样本，在执行模式识别之前，以 RDD 的方式分布式存储在 Spark 集群的各数据节点中。RDD 可以被理解为一个大的数组，但这个数组是分布在集群上的。RDD 在逻辑上是由多个分区（Partition）组成的。Partition 在物理上对应某个数据节点上的一个内存存储块。执行 KNN 模式识别的过程，就是对 RDD，使用一系列 Spark 算子，进行转换，最终获得类别的过程。监测数据在 RDD 中的存储如图 4-3 所示。

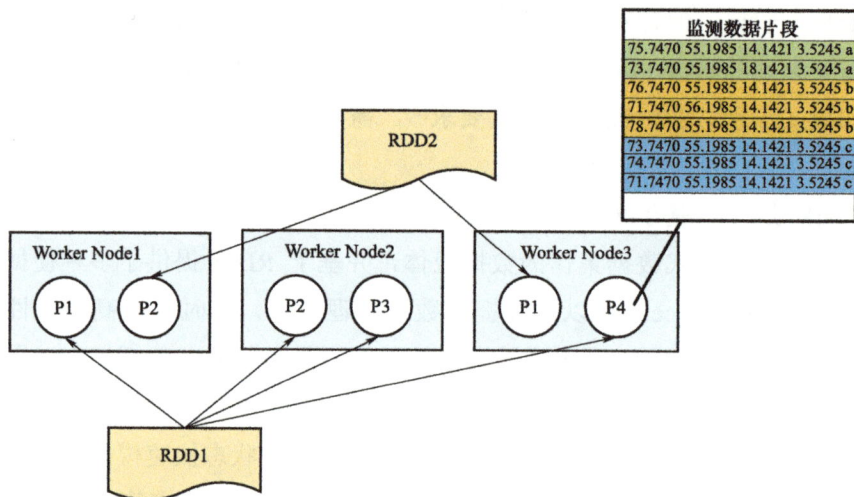

图 4-3　监测数据在 RDD 中的分布式存储

在图 4-3 中，RDD1 包含 4 个 Partition（P1、P2、P3、P4），分别存储在 3 个节点（Worker Node1、Worker Node2、Worker Node3）中。RDD2 包含 2 个 Partition（P1，P2），分别存储在 2 个节点（Worker Node3、Worker Node1）中。

三、Spark-KNN 快速模式识别算法

（一）基于 Spark 的并行化 KNN 算法 Spark-KNN

KNN 算法的基本思想是：如果一个样本在特征空间中的 K 个最相似（即特征空间中最邻近）的样本中的大多数属于某一个类别，则该样本也属于这个类别。由于 KNN 方法主要靠周围有限的邻近的样本，而不是靠判别类域的方法来确定所属类别的，因此对于类域的交叉或重叠较多的待分样本集来说，KNN 方法较其他方法更为适合。

Spark－KNN 算法的输入、输出数据可以使用本地文件系统，或者 HDFS；如果使用其他存储介质，如阿里云 OSS 等，则需要自行编写输入和输出代码部分。Spark－KNN 算法描述如下。

（1）算法输入：训练样本集 TrainSet；待测样本集 TestSet；结果集 ResultSet 路径；参数 K。

（2）算法输出：结果集 ResultSet。

（3）算法过程：

1）初始化 SparkContext 环境参数：Spark 集群 Master 节点、使用资源规模等。

2）加载训练样本集 TrainSet 到 RDD，在 Spark 集群的节点的内存中分布式存储 TrainSet；执行 RDD.map()算子，并行完成 TrainSet 的格式转换，结果多元组形式。RDD.map()算子代码如下：

map(line => {var datas = line.split(" ")(datas(0),datas(1),datas(2))})

3）执行 RDD.collect()算子，将分布式的 RDD 返回到 Driver 程序所在的节点，以 scala Array 数组形式存储，命名为 TrainSet_Array。

4）由于待测样本集是分布式存储的，为了计算一条待测样本和 TrainSet 中各样本的距离，需要利用广播（broadcast）算子 SparkContext.broadcast()将 TrainSet_Array 发送到集群中的各个数据节点中，命名为 trainDatas。broadcast 的作用类似于 Hadoop 的 distributed cache，但 broadcast 的内容可以跨作业共享。

5）利用广播（broadcast）算子 SparkContext.broadcast()将 KNN 参数 K 发送到集群中的各个数据节点中。

6）加载待测样本集 TestSet 到 RDD，在 Spark 集群的节点的内存中分布式存储 TestSet；执行 RDD.map()算子，并行完成 TrainSet 的格式转换，结果为多元组形式。

7）对转换后的 TestSet RDD 执行 map()算子，执行并行化的映射，将单条测试样本映射为结果样本（带标记的样本）。map()算子过程描述如下：

a. 解析一条测试样本元组，提取各特征量；

b. 使用 foreach 算子，循环计算测试样本到训练样本的距离：

distanceset= trainDatas.foreach(trainData =>(特征,距离,类别)})

c. 按照距离递增顺序，对 distanceset 排序；

d. 定义映射 var categoryCountMap= Map[String, Int]()，使用 category CountMap.foreach 算子，统计前 K 个样本的类别。

8）将结果输出至 HDFS 或者其他持久化存储系统（如 HBase 等）。

（二）Spark–KNN 算法的 RDD 数据处理流程

Spark–KNN 算法的执行过程是建立在统一抽象的 RDD 之上的，通过 RDD 的各类算子进行转换的过程。算法的数据处理流程如图 4–4 所示。

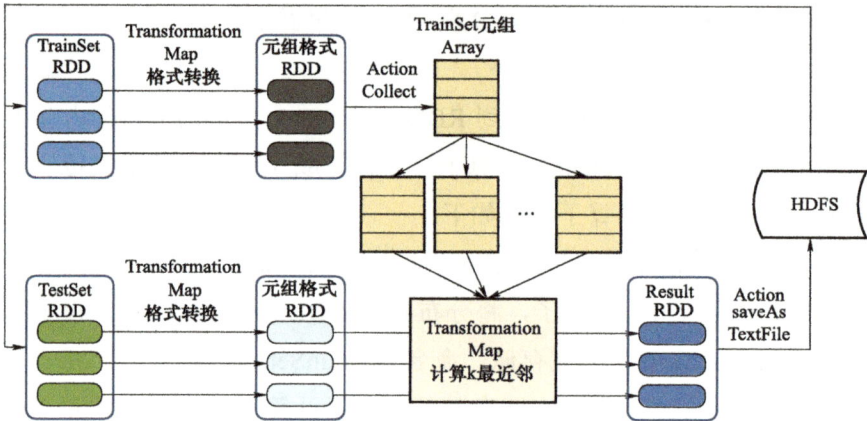

图 4–4　Spark–KNN 数据处理流程

在图 4–4 中，数据来源于 HDFS，使用 SparkContext 的 textFile()方法读取训练集和测试集文件，并将数据组织为 RDD 的形式。格式转换操作通过 map 算子完成。map 对 RDD 中的每个元素都执行一个指定的函数来产生一个新的 RDD。任何原 RDD 中的元素在新 RDD 中都有且只有一个元素与之对应。Collect 算子是 Aciton 类型的算子，用于将分布式的 RDD 返回到 Driver 程序所在的节点，以 scala Array 数组形式存储。broadcast 算子是 Aciton 类型的算子，用于将 Driver 节点上的数据广播到各个 Worker 所在的节点；saveAsTextFile 算子用于将 RDD 存储于 HDFS。

（三）基于 Hadoop MapReduce 的并行化 KNN 算法 MR–KNN

MapReduce 是目前流行的并行编程框架。为了对比 Spark 和 MapReduce 在实现海量监测数据模式识别的性能，本章也设计实现了基于 Hadoop MapReduce 的并行化 KNN 算法 MR–KNN。

本章设计的算法假设 KNN 的训练集可以作为缓存文件在每个节点上共享。测试集文件分块存储于 HDFS。Map 过程中，测试集的样本将逐条输入至 map 函数，在 map 函数中完成测试样本和训练样本距离的计算，并对距离进行排序，将距离最短的 K 个训练样本的类别输出至 Reduce。在 Reduce 阶段完成类别的频率统计，并将频率最高的类别作为本次的分类结果，MR－KNN 算法描述如下：

（1）输入：$<key_1, value_1>$；key_1 是训练样本 ID，$value_1$ 是训练样本值，可以用元组表达 $value_1 = (v_1, v_2 \cdots v_N)$；

（2）输出：$<key_3, value_3>$；key_3 是训练样本 ID，$value_3$ 是训练样本值和类别，可以用元组表达 $value_3 = (v_1, v_2 \cdots v_N, C)$；其中，$C$ 表示样本的类别；

（3）Setup 过程：利用 DistributedCache 类（由 Hadoop 提供），将训练集和参数 K 缓存到各个数据节点的内存；

（4）Map：计算测试样本和训练样本的距离；并对距离进行排序，将距离最短的 K 个训练样本的类别输出；

（5）Reduce：统计类别频率，将样本值和频率最高的类别组织为 $value_3$ 输出。

四、实验与结果分析

（一）实验环境搭建

在阿里云云计算平台上，使用 E－MapReduce 服务创建了包含 5 台 ECS 服务器的 Spark 集群，部署方式采用目前流行的 Spark on YARN 模式，用于运行所设计的 Spark－KNN 算法。硬件配置如下：

（1）Master 节点（1 个）。

带宽：8M；CPU：4 核；内存：8G；硬盘类型：SSD 云盘；硬盘容量：40G。

（2）Core 节点（4 个）。

带宽：8M；CPU：4 核；内存：8G；硬盘类型：SSD 云盘；硬盘容量：40G。

系统软件配置如下：

主版本：EMR 1.0.0

软件信息：hive 1.0.1；ganglia 3.7.2；Spark 1.4.1；yarn 2.6.0；pig 0.14.0；

上述软件部署之后，集群既可以运行 Mapreduce 程序，又可以运行 Spark 程序。其中的 ganglia 3.7.2 程序主要用于集群硬件资源的利用率，依据其提供的 cpu、内存利用率等监控数据，可以调整、优化并行任务配置参数，如根据 cpu 利用率调整 Spark 作业的 number – exector 的数量等，使集群性能充分发挥。

（二）实验数据

本章以输电线路监测中覆冰绝缘子泄漏电流数据模式识别为例，应用所设计的 Spark – KNN 算法进行绝缘子泄漏电流数据的快速模式识别。针对绝缘子泄漏电流特征量提取及应用方面的研究开展得已经非常广泛，本章选取泄漏电流的最大值、进行傅里叶变换后的 50Hz 幅值、150Hz 幅值以及 250Hz 幅值构成四维的特征量，用于模式识别。从训练集中选取部分样本特征，如表 4 – 1 所示。

表 4 – 1　　　　　　　　　　　　训 练 集 样 本

类别	最大值（mA）	50Hz 幅值（mA）	150Hz 幅值（mA）	250Hz 幅值（mA）
A 阶段	14.893 6	12.470 7	0.108 2	0.101 6
A 阶段	18.013 6	14.707 5	0.896 2	0.117 5
A 阶段	59.191 9	44.004 0	11.551 1	2.728 6
B 阶段	87.625 1	63.240 5	15.729 9	3.748 1
B 阶段	92.732 0	68.575 9	17.161 2	4.275 6
C 阶段	138.928 7	102.311 6	20.603 1	5.895 2
E 阶段	20 781	1603	348	161

覆冰绝缘子泄漏电流样本的类别描述[3]如表 4 – 2 所示。

表 4 – 2　　　　　　　　覆冰绝缘子泄漏电流样本类别

类别名称	类别描述
A 阶段	泄漏电流比较小，观察不到放电现象，或者高压端绝缘子钢角处出现蓝紫色局部电晕放电，绝缘子各处出现零星的放电现象
B 阶段	蓝紫色局部放电变成明黄色放电，局部放电明显增多，局部电弧增长，冰层开始小范围脱落，泄漏电流幅值增长迅速
C 阶段	接地端电弧向高压端发展，高压端电弧向上发展的趋势更明显，发展成高温白色电弧，融冰现象加剧，泄漏电流大幅度增大

类别名称	类别描述
D 阶段	接地端和高压端白色电弧发展到一定长度，有即将贯穿整串绝缘子的趋势，融冰大量脱落，泄漏幅度值可达 2000mA
E 阶段	白色电弧贯穿，发展成闪络

实验数据来源于人工覆冰实验和实测绝缘子泄漏电流数据，并对数据进行了复制，以模拟产生出大规模的报警或者越限数据。

在数据规模上，本章模拟了 600 万个监测量（超过 100 座变电站的监测量规模）的情形。通过设置设备的故障率（0～100%），模拟由于恶劣天气或设备故障发展阶段等情况下所产生的不同规模的报警数据。短时间内，需要处理的报警数据的规模在 0～600 万条范围内。本次实验中，仅使用了不同规模的泄漏电流数据验证 Spark－KNN 的模式识别性能，暂未考虑对多源异构数据综合使用多种模式识别算法的情况。

实验用数据集包括训练集和测试集，描述如表 4－3 所示。

表 4－3   数 据 集

训练集		测试集		
集合 ID	样本数量（条）	集合 ID	故障率	样本数量（万条）
T1	50	C1	10%	60
T2	500	C2	30%	180
T3	1000	C3	50%	300
		C4	80%	480
		C5	100%	600

（三）Spark－KNN 性能测试

使用表 4－3 所示数据集对 Spark－KNN 算法进行性能测试。分别在单机环境下、Hadoop 集群环境下和 Spark 环境下，执行 KNN、MR－KNN 和 Spark－KNN 程序，对比运行时间。其中，MR－KNN 和 Spark－KNN 运行的硬件环境相同。

1. 单机环境下的 KNN 处理性能测试

在单机环境下（4 核 CPU，8GB 内存，40GB 高效云磁盘）执行 KNN，算法运行时间随数据规模的变化如图 4－5 所示。

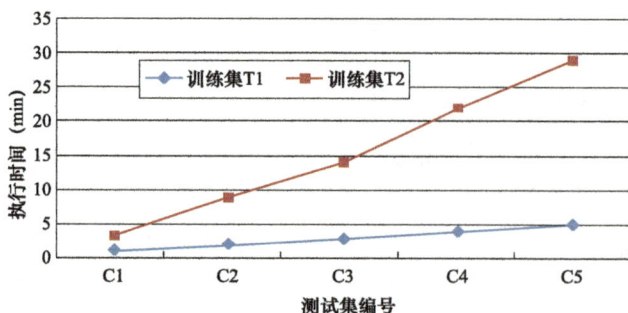

图 4-5 单机环境下 KNN 算法执行时间

从图 4-5 中可以看出，在训练样集为 T1（50 条样本）时，KNN 分类执行均可以控制在 5min 以内，但当训练集为 T2（500 条样本）时，KNN 执行时间明显增长，测试集为 C2 时，执行时间为 8.8min；当测试集为 C5（600 万条样本）时，执行时间接近半小时，工程实用性差；当训练集选择 T3 时，单机环境下运行时间过长，任务出现"假死"现象，在图 4-5 中未绘制 T3 曲线。上述实验结果表明，单机环境下无法胜任大规模报警数据的快速模式识别任务。

2. 集群环境下并行化 KNN 性能测试

在所搭建的集群上，分别运行 Spark - KNN 和 MR - KNN，对不同数据规模情况下的运行时间进行对比，结果如图 4-6 所示。

图 4-6（a）使用了训练集 T1，图 4-6（b）使用了训练集 T2，图 4-6（c）使用了训练集 T3。测试集均使用了 C1～C5。

从图 4-6 可以看出，使用不同规模的训练集，Spark - KNN 性能均优于 MR - KNN。在本次实验中，一次作业执行时，MR - KNN 与 Spark - KNN 执行时间的比值，最大值可以达到 4.8，最小值为 2.3。Spark - KNN 的平均性能是 MR - KNN 的 2.97 倍。

在不同规模的训练集上（T1，T2，T3），Spark - KNN 的性能均优于单机环境，而 MR - KNN 在数据量较少时［图 4-6（a）中，T1C1、T1C2、T1C3］，受磁盘读写、节点间通信开销影响，MR - KNN 执行速度慢于单机。Spark - KNN 高性能的主要原因在于，在程序执行之初，样本数据一次性加载至内存，并在之后的迭代计算中，始终保持在内存中，避免了 MR - KNN 过程中的反复磁盘读写，从而保证了数据的高效处理。

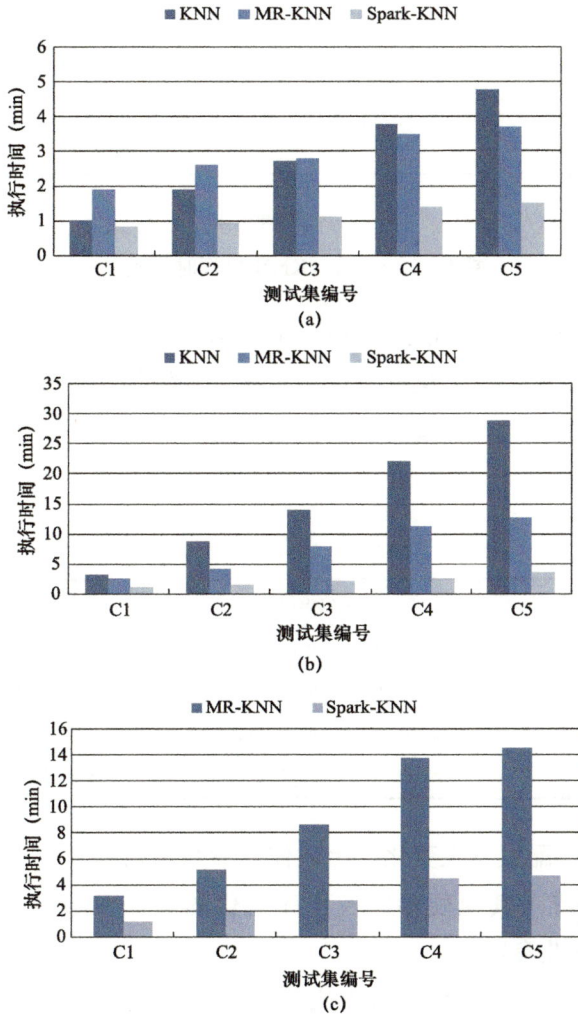

图 4-6　Spark-KNN 和 MR-KNN 的执行时间对比

（a）训练集 T1；（b）训练集 T2；（c）训练集 T3

Spark-KNN 在不同数据集上的运行时间变化趋势如图 4-7 所示。

从图 4-7 可以看出，随着测试集规模的增长，算法运行时间增长缓慢
（远低于线性增长），对于不同规模的训练集，算法整体运行时间平稳，未出现
大的波动。

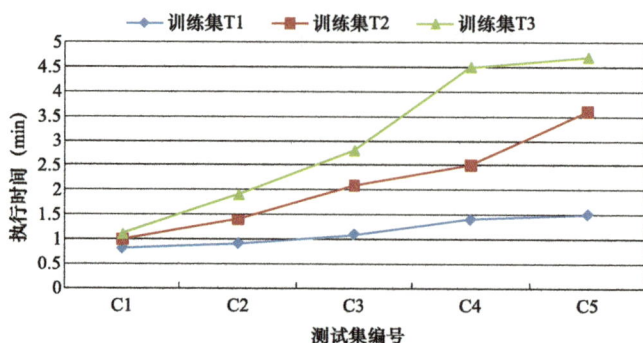

图 4 - 7　Spark - KNN 执行时间趋势

　　Spark 程序运行时，使用了 Spark on YARN 的运行模式，环境参数的配置至关重要，这些参数决定了集群是否能够充分发挥其计算性能，会对程序执行性能有很大的影响。本次实验中，在创建 Spark 作业时，配置的参数值和参数说明如表 4 - 4 所示。

表 4 - 4　　　　　　　　　　Spark 作 业 参 数 配 置

参数名称	参数说明	系统默认值	配置值
—executor-memory	Memory per executor	1GB	2GB
—driver-memory	Memory for driver	512MB	1GB
—num-executors	Number of executors to launch	2	4
—executor-cores	Number of cores per executor	1 in YARN mode	4

　　如果系统硬件配置发生变化，上述作业参数也需要及时调整。另外，还需要根据 ganglia 或者其他硬件监控程序提供的监测参数（cpu、内存利用率等），适当调整作业参数。

　　3. Spark - KNN 算法加速比测试

　　加速比（speedup）是用来衡量并行系统或程序并行化的性能和效果的重要参数，本次实验通过调整集群规模，控制参与计算的 CPU 核心数，重复执行 Spark - KNN 算法，获得执行时间，用以计算 Spark - KNN 的加速比。加速比的计算方法是：同一个任务在单处理器系统和并行处理器系统中运行时间的比率，如式（4 - 1）所示。

$$S_{\text{peedup}} = T_{\text{s}} / T_{\text{h}}　　　　　　　　（4 - 1）$$

其中，T_s 是算法在单个 CPU 核心环境下的执行时间；T_h 是算法在 h 个 CPU 核心环境下时的执行时间。使用训练集（T1，T2）和测试集（C1，C2，C3，C4，C5）进行组合，形成 10 种不同数据量下的加速比，结果如图 4-8 所示。

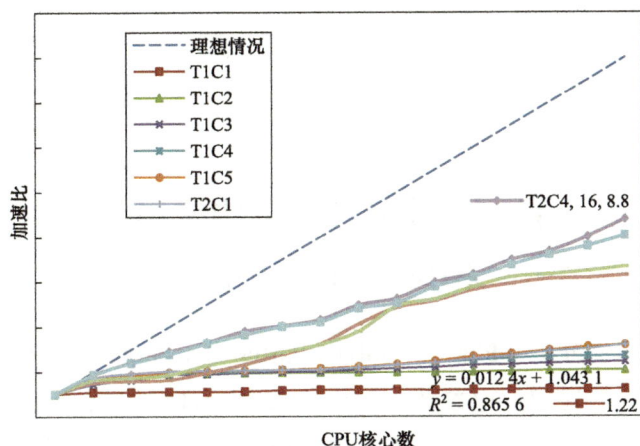

图 4-8　Spark-KNN 算法加速比

在图 4-8 中，虚线是理想加速比，是现实算法无法超越的。算法加速比随数据规模的增长，总体呈现递增趋势。当训练集取 T2，测试集取 C4 时，加速比达到最大（8.8），加速比最小值为 1.22。从曲线 T1C1 可以看出，曲线基本处于"0 增长"。主要原因是数据量较小，算法加速比迅速达到饱和，即便增加再多的计算节点，计算速度也不会增加。而对于曲线 T2C4、T2C5，可以看到加速比随 CPU 核心数一直在增长。

参 考 文 献

[1] 周国亮，朱永利，王桂兰，等.实时大数据处理技术在状态监测领域中的应用 [J]. 电工技术学报，2014（S1）：432-437.

[2] Zaharia M，Chowdhury M，Das T，et al. Resilient distributed datasets：A fault-tolerant abstraction for in-memory cluster computing [A]. Proceedings of the 9th USENIX conference on Networked Systems Design and Implementation [C]. USENIX Association，2012：2-2.

[3] 邵士雯. 超高压线路绝缘子覆冰泄漏电流特性研究 [D]. 保定，华北电力大学，2012.

第五章 基于大数据计算服务的局部放电相位分析和模式识别

第一节 大数据环境下传统局部放电相位分析的局限性

局部放电相位分析（Phase Resolved Partial Discharge，PRPD）将多个工频周期内监测所得的局部放电参数（放电次数 N、视在放电量 Q 或放电幅值，及放电所在相位 φ）折算到一个工频周期内，计算其统计规律性，获取放电谱图，统计放电特征，用于模式识别。

PD 信号分析主要包括三个子过程[1]：

（1）基本参数 $n-q-\varphi$ 的提取。扫描 PD 信号，统计信号中的放电峰值和相应的放电相位。

（2）谱图构造和统计特征计算。划分相窗，统计平均放电量和放电次数的分布，计算平均放电量相位分布谱图 $qave-\varphi$ 和放电次数相位分布谱图 $n-\varphi$。基于 $qave-\varphi$ 和 $n-\varphi$，以 φ_i 为随机变量，计算谱图的偏斜度 S_k、陡峭度 K_u、局部峰点数 P_e、互相关系数 C_c 等统计特征，形成 15 维的放电特征向量，计算公式见文献 [1]。

（3）放电类型识别。本章选择经典的 K 近邻 （K-Nearest Neighbor，KNN）方法[2]进行放电类型识别。

对于上述计算过程，可以从计算复杂度角度进行分析。

首先在数据量上，假设每个 PD 监测源数据采集系统的采样率为 f，则每个工频周期内采样点数为 $0.02f$，每秒钟可以采集 50 个周期，每分钟则是 3000 个周期。以本章中的实验设定为例，采样率取 $f=5$MHz，则每周期有 100 000 个点，每个点按 16 位二进制存储，占用 2 个字节，则每分钟 3000 个周期 PD 信号的数据量为 100 000×2×3000=6×108B≈600MB。这仅仅是 1 个监测源在 1min 内的监测数据量，随着智能电网的快速发展，越来越多的高压电力设备需要配备局部放电在线监测系统，而每个高压设备的 PD 监测点（监测通道）通常不止一个，如此数量的 PD 信号集合是一个极其可观的数据体。

另外，从计算量角度分析。在 PD 信号整体分析流程中，对 N_1 个监测源的各 N_2 个周期的 PD 信号提取基本参数 $n-q-\varphi$ 需要经过 N_1N_2 个循环。若以 m 个周期为一个统计单元绘制放电谱图，则一共需要绘制 $2N_1N_2/m$ 个放电谱图并计算每个谱图的多个统计特征。最后需要对每个统计单元的特征向量进行 KNN 分类。

通过以上分析不难推断出，对所有的 PD 信号进行基本参数 $n-q-\varphi$ 的提取需要很大的计算量，是上述三个子过程中复杂度最大的计算任务。经单机环境下多次测试（算法采用 Java 实现，运行环境为 Pentium 2.8GHz，2GBRAM，JDK1.6），对 5MHz 采样率的单周期 PD 信号实施如表 1 所示算法 1 的处理过程需要耗时 2.3×10^{-2}s（不包括数制转换），则单监测源 1min 采集的 3000 个周期 PD 信号需要 $2.3 \times 10^{-2} \times 3000 = 69$s，对于单监测源该计算延迟尚可接受，但是面对监测系统中众多监测源集中的海量数据时，系统延迟将无法接受，难以满足工程需要，而且在单机环境下更容易发生由于数据量急剧增加而引起的计算非正常中断、处理程序宕机甚至无法计算的不可靠情况。

由于 PD 数据分析过程易于实现数据拆分和数据并行，非常适合采用 MapReduce 并行编程模型进行处理，因此，本章基于 MaxCompute MR^2 模型实现了基本参数提取、谱图构造与统计特征计算以及 KNN 类型识别三个子过程的算法并行化。

与 Hadoop MapReduce 相比，MaxCompute 的计算调度逻辑可以支持更复杂编程模型（扩展的 MapReduce 模型，MR^2），可以在 Reduce 后面直接执行下一次的 Reduce 操作，而不需要中间插入一个 Map 操作。可以支持 Map 后连接任意多个 Reduce 操作，比如 map-Reduce-Reduce。PRPD 分析过程由多个步骤完成，分析过程中会产生大量的中间结果，利用 MR^2 实现并行分析，可以使这些中间结果保持在内存中，因此更加适合采用 MaxCompute MR^2 进行 PD 信号分析。因此，本章基于 MaxCompute 平台，设计了并行化的 PRPD 算法。

第二节 自建 Hadoop 存储系统的局限性

Hadoop 大数据处理技术凭借其高可靠性和优越的并行数据处理能力越来越受到学术界和企业界的重视。但是在一些领域的应用研究中，还是暴露出一些局限性。本章将作者在使用和研究 Hadoop 的过程中遇到的以及相关文献中查阅到的 Hadoop 使用问题和技术挑战总结如下：

（1）硬件限制。相关文献很多采用了自建的 Hadoop 平台，服务器集群硬件需要自行采购，搭建和维护。受资金限制，CPU 数量、存储容量有限，数据处理规模相对较小。

（2）数据可靠性。虽然 Hadoop 默认采用三副本策略进行数据备份，但自建系统规模较小，所有服务器均在同一个机架下，可靠性大打折扣。

（3）服务可用性。自建的 Hadoop 平台大都构建在局域网内，且没有进行 Web service 的封装，因此不能通过 Internet 访问。由于缺乏专业人员维护或者系统维护成本过高，停电、服务器宕机、硬盘故障、交换机宕机等各类硬件故障都会导致系统不可用。

（4）系统维护。Hadoop 分布式的计算模型对数据分析人员提出了较高的要求，维护难度高。使用分布式模型，数据分析人员不仅需要了解业务需求，同时还需要熟悉底层计算模型。

（5）并行程序框架限制。Hadoop 的 MapReduce 模型要求每一轮 MapReduce 操作之后，数据必须落地到分布式文件系统上（比如 HDFS 或者 HBase）。而一般的 MapReduce 应用通常由多个 MapReduce 作业组成，每个作业结束之后需要写入磁盘，接下去的 Map 任务很多情况下只是读一遍数据，为后续的 Shuffle 阶段做准备，这样其实造成了冗余的 I/O 操作，导致性能下降。

（6）成本。自建 Hadoop 平台前期投入巨大，需要自行购买大量硬件。而在一个阶段的研究之后，设备往往被闲置，投入产出比较低。

总而言之，构建"数据密集型"的电力大数据应用系统，需要协调很多的计算、存储资源将大范围、多尺度、全方位的监测数据接入，保存，并使系统长时间保持安全可靠的运行状态，以支持各类大数据分析。自建 Hadoop 平台不易满足这些功能需求。

　　大数据计算服务（MaxCompute），面向海量的结构化数据，提供数据存储和并行计算的功能。以 HDFS 文件方式或者 HBase 表方式存储的结构化的电力设备监测数据，如连续采样的波形信号数据，均可以使用大数据计算服务实现数据存储和并行计算。大数据计算服务以按需租用的方式，将用户从硬件采购、组网、平台搭建、系统软硬件维护中解脱出来，将存储资源、计算资源以 Web Service 的方式封装，并对外售卖，使用户可以专心于构建系统的业务逻辑。本节主要研究基于大数据计算服务的电力设备监测大数据的存储方法。

第三节　大数据计算服务的存储模式和并行计算模型

一、大数据计算服务概述

　　大数据计算服务（MaxCompute）是阿里云提供的 PB 级海量数据处理平台。主要服务于批量结构化数据的分布式存储和并行计算，可以提供海量数据仓库的解决方案以及针对大数据的分析建模服务。MaxCompute 目前已经在阿里巴巴集团内部得到大规模应用[3]，包括大型互联网企业的数据仓库和 BI 分析、网站的日志分析、电子商务网站的交易分析、用户特征和兴趣挖掘等。

　　大数据计算服务提供了数据上传下载通道，SQL 及 MapReduce 等多种计算分析服务，并且提供了完善的安全解决方案，其框架和功能组件如图 5-1 所示。

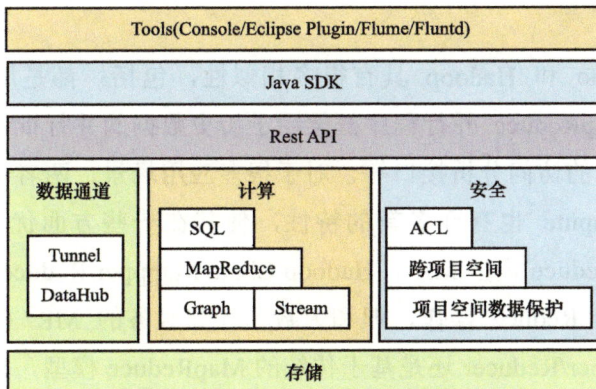

图 5-1　MaxCompute 框架和功能组件

在图 5-1 中，数据通道用于提供高并发的离线数据上传下载服务；大数据计算服务提供了 SQL、MapReduce、图集算（Graph）、流计算（Stream）等多种计算模式；大数据计算服务提供了功能强大的安全服务，包括 ACL、项目空间数据保护等；在开发方面，提供了 Rest API、SDK 以及多种客户端工具和插件。

在并行编程模型方面，大数据计算服务的计算调度逻辑支持更复杂的编程模型——扩展的 MapReduce 模型（MR^2）。传统的 MapReduce 模型要求每一轮 MapReduce 操作之后，数据必须落地到分布式文件系统上（比如 HDFS 或 MaxCompute 表）。一个计算任务通常由多个 MapReduce 作业组成，每个作业结束之后需要写入磁盘，接下去的 Map 任务很多情况下只是读一遍数据，为后续的 Shuffle 阶段做准备，这样其实造成了冗余的 I/O 操作。MR^2 可以在 Reduce 后面直接执行下一次的 Reduce 操作，而不需要中间插入一个 Map 操作。可以支持 Map 后连接任意多个 Reduce 操作，比如 map-Reduce-Reduce。MR^2 相对于 Hadoop MapReduce 能够更快的完成多任务串联的计算，本书基于 MR^2 和 Hadoop MapReduce 开展了局部放电信号 PRPD 并行分析的对比研究，验证了 MR^2 的性能优势。

在应用场景方面，大数据计算服务主要适合于海量结构化数据的批量计算，对实时性要求不高的应用场景。因此，大数据计算服务也适合用于存储和批量处理电力设备监测中的海量结构化的数据，比如，适合用于快速分析波形信号数据。MaxCompute2.0 目前已经可以存储和处理非结构化数据，比如，图片、视频等。

MaxCompute 和 Hadoop 具有很多相似性，包括：都是用于历史数据存储、提供了 MapReduce 并行程序框架用于历史数据的并行批量计算、上层均提供了类 SQL 的访问分析接口等，对于很多应用场景，两者可以相互替代。不过，MaxCompute 也有许多新的特性，使其在一些方面优于 Hadoop。比如，扩展 MapReduce 模型 MR^2。Hadoop Chain Mappper/Reducer 也支持类似的串行化 Map 或 Reduce 操作，但和大数据计算服务的 MR^2 模型有本质的区别。Chain Mapper/Reducer 还是基于传统的 MapReduce 模型，只是可以在原有的 Mapper 或 Reducer 后面在增加一个或多个 Mapper 操作（不允许增加 Reducer）。这带来的好处是用户可以复用之前的 Mapper 业务逻辑，可以把一个 Map 或 Reduce 拆成多个 Mapper 阶段，但本质上并没有改变底层的调度和 I/O 模型。

另外，大数据计算服务的一个非常优秀的特性就是弹性伸缩的能力。本书在局部放电信号 PRPD 并行分析的研究中发现，在处理的数据量不断增长的情况下，处理的时间延迟几乎不变。这背后是弹性伸缩在起作用。通过大数据计算服务监测系统发现，大数据计算服务分配给计算任务的硬件资源（CPU 核心数、内存容量）与处理的数据规模成正比。这种优秀的性质是大多自建 Hadoop 平台难以达到的。因此本章在应用 Hadoop 技术的同时，也基于大数据计算服务开展了监测大数据的存储和处理的研究，并对两者的性能进行了对比分析。

二、MaxCompute 表存储

表是 MaxCompute 的数据存储单元。它在逻辑上也是由行和列组成的二维结构，每行代表一条记录，每列表示相同数据类型的一个字段，一条记录可以包含一个或多个列，各个列的名称和类型构成这张表的 Schema。MaxCompute 的表格分两种类型：外部表及内部表。

对于内部表，所有的数据都被存储在 MaxCompute 中。表中的列可以是 MaxCompute 支持的任意种数据类型（Bigint，Double，String，Boolean，Datetime）。MaxCompute 中的各种不同类型计算任务的操作对象（输入、输出）都是表。用户可以创建表，删除表以及向表中导入数据。

对于外部表，MaxCompute 并不真正持有数据，表格的数据可以存放在 OSS 中。MaxCompute 仅会记录表格的 Meta 信息。用户可以通过 MaxCompute 的外部表机制处理 OSS 上的非结构化数据，例如：视频、音频、基因、气象、地理信息等。处理流程包括：

（1）将数据上传至 OSS。

（2）在 RAM 产品中授予 MaxCompute 服务读取 OSS 数据权限。

（3）自定义 Extractor：用于读取 OSS 上的特殊格式数据。目前，MaxCompute 默认提供 CSV 格式的 Extractor，并提供视频格式数据读取的代码样例。

（4）创建外部表。

（5）执行 SQL 作业分析数据。

目前 MaxCompute 仅支持读取外部表数据，即读取 OSS 数据，不支持向外部表写入数据。

由于 MaxCompute 表不支持索引，为了提升数据查询的速度，MaxCompute 提供了数据分区的机制，允许使用分区表。分区表指的是在创建表时指定分区空间，即指定表内的某几个字段作为分区列。在大多数情况下，使用者可以将分区类比为文件系统下的目录。MaxCompute 将分区列的每个值作为一个分区（目录）。用户可以指定多级分区，即将表的多个字段作为表的分区，分区之间正如多级目录的关系。在使用数据时如果指定了需要访问的分区名称，则只会读取相应的分区，避免全表扫描，提高处理效率，降低费用。

三、MaxCompute 的计算接口

目前 MaxCompute 提供的计算接口主要包括：SQL 接口、MapReduce、Graph（图模型）、数据进出通道。

1. SQL 接口

MaxCompute SQL 适用于海量数据（TB 级别），实时性要求不高的场合，它的每个作业的准备，提交等阶段要花费较长时间，因此要求每秒处理几千至数万笔事务的业务是不能用 MaxCompute 完成的。MaxCompute SQL 采用的是类似于 SQL 的语法，可以看作是标准 SQL 的子集，但不能因此简单的把 MaxCompute 等价成一个数据库，它在很多方面并不具备数据库的特征，如事务、主键约束、索引等。目前在 MaxCompute 中允许的最大 SQL 长度是 2MB。

MaxCompute SQL 提供了大量的系统函数，方便用户对任意行的一列或多列进行计算，输出任意种的数据类型。

2. 扩展的 MapReduce 编程模型

MaxCompute 提供了三个版本的 MapReduce 编程接口，包括：

（1）MaxCompute MapReduce：MaxCompute 的原生接口，执行速度更快。开发更便捷，不暴露文件系统。

（2）MR²（扩展 MapReduce）：对 MaxCompute MapReduce 的扩展，支持更复杂的作业调度逻辑。Map/Reduce 的实现方式与 MaxCompute 原生接口

一致。

（3）Hadoop 兼容版本：高度兼容 Hadoop MapReduce，与 MaxCompute 原生 MapReduce，MR2 不兼容。

三个版本的在基本概念，作业提交，输入输出，资源使用等方面基本一致，不同的是 Java SDK 彼此各异。

MapReduce 最早是由 Google 提出的分布式数据处理模型，随后受到了业内的广泛关注，并被大量应用到各种商业场景中。比如：搜索、日志分析、生物计算等。

3. 图计算模型 Graph

MaxCompute Graph 是一套面向迭代的图计算处理框架。图计算作业使用图进行建模，图由点（Vertex）和边（Edge）组成，点和边包含权值（Value），MaxCompute Graph 支持下述图编辑操作：

（1）修改点或边的权值；

（2）增加/删除点；

（3）增加/删除边；

通过迭代对图进行编辑、演化，最终求解出结果，典型应用：PageRank，单源最短距离算法，K－均值聚类算法等。用户可以使用 MaxCompute GRAPH 提供的接口 Java SDK 编写图计算程序。

MaxCompute GRAPH 能够处理的图必须是一个由点（Vertex）和边（Edge）组成的有向图。由于 MaxCompute 仅提供二维表的存储结构，因此需要自行将图数据分解为二维表格式存储在 MaxCompute 中，在进行图计算分析时，使用自定义的 GraphLoader 将二维表数据转换为 MaxCompute Graph 引擎中的点和边。

4. 数据进出通道

进出 MaxCompute 系统的途径可以分为两类，分别是 DataHub 实时数据通道和 Tunnel 批量数据通道。DataHub 和 Tunnel 各自都提供了 SDK，而基于这些 SDK 又衍生了许多用于数据上传下载的工具，方便用户各种场景下的数据上传下载需求。

数据上传下载的工具主要包括：大数据开发套件、DTS、OGG 插件、Sqoop、Flume 插件、LogStash 插件、Flunted 插件、Kettle 插件以及

MaxCompute 客户端等。

第四节　并行化 PD 信号分析整体流程

在 MaxCompute 平台上设计实现了并行化 PD 信号分析，整体流程如图 5-2 所示。

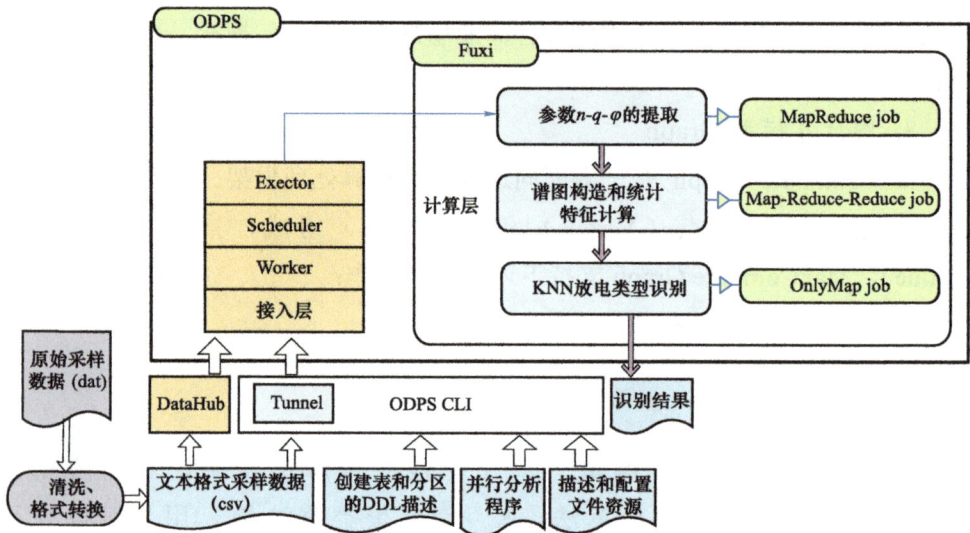

图 5-2　并行化 PD 信号分析流程

在图 5-2 中，MaxCompute 存储数据的基本单元是 MaxCompute 表，在逻辑上是行和列构成的二维结构。首先需要将 PD 信号原始采样数据（二进制 dat 文件）转换成逗号分隔的文本文件格式（.csv 文件）。在上传数据之前，需要使用 MaxCompute DDL（Data Definition Language 数据定义语言）创建 MaxCompute 表和数据分区。表的结构需要与 csv 文件中的数据结构保持一致。使用 MaxCompute 提供的数据通道 CLI Tunnel 或者 DataHub 完成数据上传至 MaxCompute 表。并行分析程序和分析过程中用的到配置文件、描述文件以 MaxCompute 资源（Resource）的方式通过 CLI 上传至平台。

MaxCompute 数据接入层对用户云账号进行身份验证，确认正确之后，请求处理器（Worker）将并行 PRPD 实例（Instance）提交给调度器

（Scheduler），调度器把 Instance 分解成多个计算任务（Task），并生成 Task 工作流——DAG 图（Directed Acyclic Graph）。作业执行管理器（Executor）获取 Task，生成分布式作业描述文件，并提交计算层完成计算任务。

PRPD 分析的子过程全部基于 MR^2 模型实现，分析过程的输入来自 MaxCompute 表和资源，输出结果存储于 MaxCompute 表。

第五节　数据预处理和数据上传

PD 信号在上传至 MaxCompute 表存储之前，需要将二进制的特定格式的采样数据（dat 文件）转换成 MaxCompute CLI tunnel 能够识别的文本格式。由于采样数据的格式千差万别，转换程序只能由用户编写程序完成。如果需要转换的数据规模较大，可以采用 Hadoop MapReduce 实现海量原始数据的并行转换。

在完成数据转换后，使用 CLI Tunnel 工具进行数据上传。格式转换会使数据规模成倍增长。由于 MaxCompute 支持数据压缩，因此，在完成上传之后数据规模又会缩小。由格式转换和数据上传引起的数据规模的变化、数据上传的性能以及 MaxCompute 的压缩性能，参见第十节实验结果与分析。

第六节　变压器局部放电数据的 MaxCompute 表存储方法

一、总体设计

本章以变压器局部放电数据相位图谱分析（phase resolved partial discharge，PRPD）为例，研究基于 MaxCompute 表的电力设备监测数据存储方法。

MaxCompute 存储数据的基本单元是 MaxCompute 表。它在逻辑上是由行和列组成的二维结构，每行代表一条记录，每列表示相同数据类型的一个字段，一条记录可以包含一个或多个列，各个列的名称和类型构成这张表的存储模式（schema）。在 MaxCompute 中，所有的数据都被存储在表中。表中的列可以是 MaxCompute 支持的任意种数据类型（Bigint，Double，String，Boolean，Datetime）。MaxCompute 中的各种不同类型计算任务的操作对象（输入、输出）都是表。用户可以使用数据定义语言（DDL）定义表结构，创建表，删除表以及向表中导入数据。

PRPD 分析过程用到的 PD 信号采样数据、$n-q-\varphi$ 宏观特征统计数据、类型识别训练数据、放电类型识别结果等，均需要存储在 MaxCompute 表中。在 PRPD 分析中，为了提高算法性能，放电谱图数据不会落地到 MaxCompute 表，只在内存中缓存，需要设计在内存中缓存的数据格式。由于 MaxCompute 表在数据类型和列数量限制，一些直观常用的数据存储模式，以及一部分在 Hadoop 上实现 PRPD 时所采用的数据存储模式，在 MaxCompute 下均不能采用，需要重新设计满足 MaxCompute 规则的数据存储模式。

二、PD 信号采样数据的存储

PD 信号采样数据以一个工频周期为单位记录 PD 采样值，每行数据包含监测源（DeviceID）、采样开始时间（精确到秒）以及一个工频周期内的采样值（本章实验中，采样率取 40MHz，含 80 万个采样值），如图 5-3（a）所示。

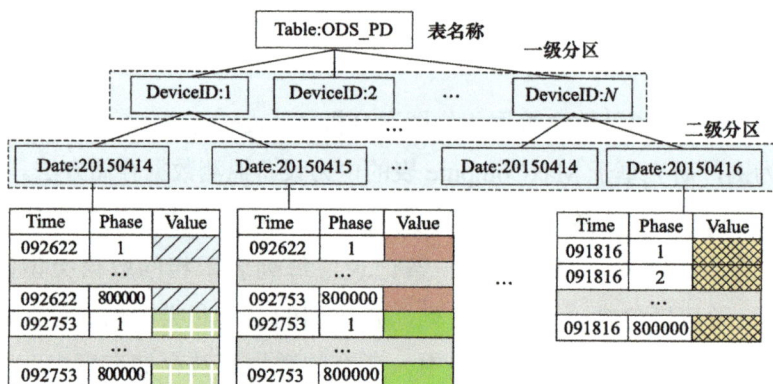

图 5-3　PD 数据 Hadoop 文件存储模式与 ODPS 表存储模式

（a）HDFS 文件存储模式；（b）ODPS 表存储模式

图 5-3（a）所示的存储模式不能用于 MaxCompute 表存储，因为 MaxCompute 表目前仅支持 5 种数据类型（Bigint、Double、String、Boolean、Datetime），列的数量不能超过 1024，无法在一行内存储 80 万个采样值。因此，设计了如图 5-3（b）所示的 MaxCompute 表存储模式。

在图 5-3（b）中，对一个工频周期内的采样值存储为多行，每行包含 1 个采样值，对应的相位和采样时间。为了能够按照监测源和数据采集时间快速定位到所需数据，按照 DeviceID 和 Date 设计了二级分区列（MaxCompute 表目前最多支持 5 级分区列）。一级分区列是 DeviceID，用于唯一标识一个采集设备；二级分区列是 Date，表示数据采集的日期。在二级分区列下，是满足分区条件的采样数据，包含 3 个普通列（Time：用于区分不同的工频周期；phase：相位；value：采样值）。这种存储模式每行只存了一个采样值，相对于图 5-3（b），冗余信息较多。但是 MaxCompute 支持压缩存储，目前使用的压缩算法压缩比根据数据类型的不同可达到 2~5 倍，因此相对于 Hadoop 文件存储，并没有占用更多的存储空间。

三、基本参数 $n-q-\varphi$ 的存储

PRPD 分析首先需要提取放电的 $n-q-\varphi$ 参数并保存。通常以一个工频周期为单位，存储放电幅值和相应的相位。在 Hadoop 平台上以 HDFS 文件方式存储 $n-q-\varphi$ 参数的一种常用方式是：以行为单位，存储一个工频周期的参数，如图 5-4（a）所示。但是，一个工频周期内放电的次数（越限，并满足相位间隔的采样值）可能大于 1024（MaxCompute 表列数上限），因此不能用于 MaxCompute 表存储。不同工频周期内，放电次数不同，因此将放电幅值和相位分多行存储，MaxCompute 表模式如图 5-4（b）所示。其中，行健 SampleID 是由 DeviceID 和 Date 组合得到的。

四、放电谱图存储

放电谱图数据分窗记录了每个相窗的放电峰值（Max）、放电次数（nums）、总放电量（totalq）和平均放电（avgq）。使用 HDFS 文件存储时，可以使用一行代表一条谱图数据，包含等宽度的 M 个窗口的统计值，如图 5-5（a）所示。

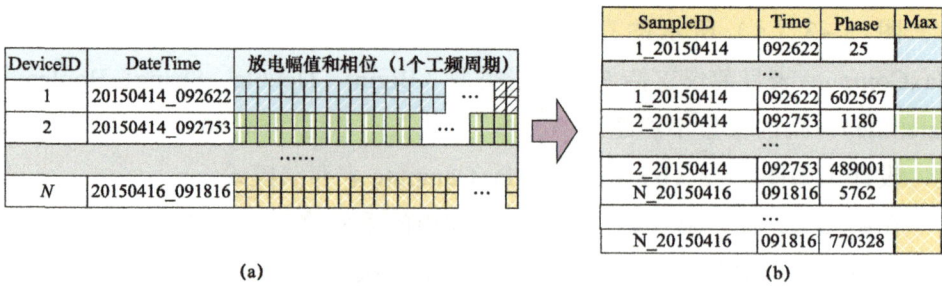

DeviceID	DateTime	放电幅值和相位（1个工频周期）
1	20150414_092622	...
2	20150414_092753	...
......		
N	20150416_091816	...

(a)

SampleID	Time	Phase	Max
1_20150414	092622	25	
...			
1_20150414	092622	602567	
2_20150414	092753	1180	
2_20150414	092753	489001	
N_20150416	091816	5762	
...			
N_20150416	091816	770328	

(b)

图 5-4　参数 n-q-φ 的 Hadoop 文件存储模式与 ODPS 表存储模式

（a）HDFS 文件存储模式；（b）ODPS 表存储模式

分窗数量 M 虽然小于 1024，但是考虑到后续 MapReduce 并行程序设计的考虑，在 MaxCompute 表存储设计中，每行只存储一个窗口的数据，如图 5-5（b）所示。图中 wid 表示窗口的编号。

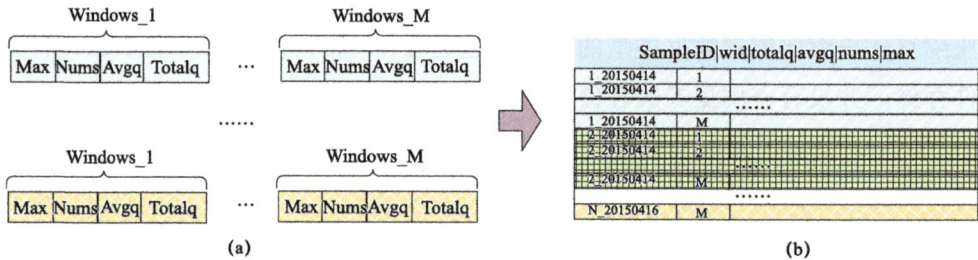

(a)

(b)

图 5-5　放电谱图的 Hadoop 文件存储模式与 ODPS 表存储模式

（a）HDFS 文件存储模式；（b）ODPS 表存储模式

五、统计特征存储

统计特征包含：正负半周期的谱图的偏斜度 Sk、正负半周期的谱图的陡峭度 Ku、正负半周期的谱图的局部峰点数 Pe、互相关系数 Cc 等统计特征，存储模式如图 5-6 所示。

SampleID	SK_n$^+$	SK_n$^-$	SK_q$^+$	SK_q$^-$	KU_n$^+$	KU_n$^-$	KU_q$^+$	KU_q$^-$	Pe_n$^+$	Pe_n$^-$	Pe_q$^+$	Pe_q$^-$	CC	QF	Mcc
1_20150414															
2_20150414															
......															
N_20150416															

图 5-6　统计特征的 ODPS 表存储模式

第七节 PD 信号放电基本参数 $n-q-\varphi$ 并行提取算法

提取参数 $n-q-\varphi$ 需要对采样数据执行全表扫描，找到放电过程，记录放电的相位和幅值。如果将数据分块，则可以运行多个计算任务，并行扫描各分块数据并提取 $n-q-\varphi$，而且各个扫描任务之间不需要交互，因此适合用 MapReduce 实现。

并行算法包含 Map、Combine 和 Reduce 三个子过程，在程序上分别由 Mapper 类、Combiner 类和 Reducer 类完成，其输入、输出接口和算法描述如表 5-1～表 5-3 所示。

表 5-1　　　　　　　　计算 $n-q-\varphi$ 的 Mapper

Mapper（纵向阈值过滤）	
输入	采样数据表；纵向阈值 max1； key：Record{Recordnum}； value：Record{Time，Phase，Value}；
输出	key：Record{Time}； value：Record{Phase，Value}；
Map	1：Record{Phase，Value}转换为整型； 2：IF Math.abs（Value）＞max1 THEN 构造输出记录 Record{Phase，Value}； 3：将记录输出至 Combiner

表 5-2　　　　　　　　计算 $n-q-\varphi$ 的 Combiner

Combiner（获取本地数据片段的极值点，按相位排序输出）	
输入	key：Record{Time}； value：极值记录集合 Iterator＜Record＞{Phase，Value}；
输出	key：Record{Time}； value：Record{Phase，Value}；
Reduce	REPEAT IF Record [i] 是极值点 THEN 构造输出记录 Record{Phase，Value}； 将 Record{Phase，Value}输出至 Reducer； UNTIL 所有的点都被处理

表 5-3   计算 $n-q-\varphi$ 的 Reducer

Reducer（数据汇总，排序，横向阈值筛选）	
输入	key：Record{Time}；横向阈值 max2 value：极值记录集合 Iterator＜Record＞{Phase，Value}；
输出	$n-q-\varphi$ 表（key：Record{SampleID，Time}； value：Record{Phase，Value}）；
Reduce	1. 对极值记录集合 Iterator＜Record＞{Phase，Value}，按照相位 Phase 递增顺序排序； 2. REPEAT IF 相邻两点的相位差＜ max2 THEN 保留较大的 Value； ELSE 将相位较小的点保存至结果集； UNTIL 所有的点都被处理； 3. 输出结果集至 MaxCompute 表

在表 5-1 中，Mapper 对输入的采样数据，根据预先设定的纵向阈值进行数据筛选，并将大于阈值的采样点输出至 Combiner。Mapper 类中 map 函数的输入为＜*key*，*value*＞格式，*key* 为输入记录的行编号（*Recordnum*），*value* 是 MaxCompute 记录（*Record*）格式，包含预先在 MaxCompute 表中定义的三个成员（Time，Phase，Value）。函数的输出将作为 Combiner 的输入，也为＜*key*，*value*＞格式。

在表 5-2 中，Combiner 是本地（与 Mapper 在相同的节点）执行的汇总，对 Mapper 的输出结果集合（Iterator＜Record＞{Phase，Value}），寻找极值点，并输出至 Reducer 进行汇总。Combiner 有效的分担了 Reducer 的数据汇总工作，并且减少了 Reducer 所在节点传输的数据量，可以有效提升并行计算过程的速度。

在表 5-3 中，Reducer 类中的 reduce 函数负责汇总由 Combiner 输出来的极值点集合（Iterator＜Record＞{Phase，Value}），并使用预先设定的横向阈值 *max2* 进行极值点的筛选。如果两个极值点距离"很近"（相位差小于横向阈值），则认为是同一次放电。输出的结果存储于 MaxCompute 表。

第八节　谱图构造和统计特征计算

该过程接收 $n-q-\varphi$ 表的数据作为输入，计算放电谱图和统计特征。为了加快计算速度，设计了 Map - Reduce[1] - Reduce[2] 模式的计算过程，使谱图数据不落地（不保存至 MaxCompute 表），作为中间结果缓存在 MaxCompute 分布式内存中。谱图计算的接口和算法描述如表 5-4 和表 5-5 所示。Reduce[1] 和 Reduce[2] 的连接使用了 MaxCompute 提供的 Pipeline 完成。

表 5-4 谱图计算的 Mapper

Mapper（按相位计算相窗编号 WinID）	
输入	$n-q-\varphi$ 表；相窗数量 N key: Record{Recordnum}； value: Record{SampleID，Time，Phase，Value}
输出	key: Record{SampleID + WinID }； value: Record{ SampleID，WinID，Value}；
Map	1. 根据相窗数量 N，计算相窗宽度 $W=800\,000/N$； 2. 计算 Record 所属的相窗 wid=$Phase/W$； 3. 构造输出记录，并输出至 Reducer[1]

表 5-5 谱图计算的 Reducer[1]

Reducer[1]（计算谱图）	
输入	key: Record{SampleID + WinID }； value: Record{SampleID，WinID，Value}；
输出	key: Record{SampleID}； value: Record{WinID，totalq，avgq，nums，max}；
Reduce	1. 定义变量 totalq，avgq，nums，max，分别用于记录总放电量、平均放电量、放电次数、放电量最大值； 2. REPEAT 在 totalq 上累加放电量； 在 nums 上累加放电次数； 在 max 上记录放电量最大值； UNTIL 所有的点都被处理； 3. avgq=totalq/记录数； 4. 构造输出记录 Record{WinID，totalq，avgq，nums，max}，并输出至 Reducer[2]

1. Mapper

将 360° 的工频周期均匀划分相窗，对 M 个工频周期的 PD 信号叠加，按正负半周期，分窗进行统计分析。本章实验中，1 个工频周期含 80 万个点（360 度）。相窗的数量取 200，则每个窗的宽度为 4000 个点（800 000/200=4000）。周期的个数 M 取 50，意味着统计 1s（50×20ms=1s）的放电情况。M 的值越大，周期越长，统计意义就越明显。Mapper 的输入、输出接口和算法过程如表 5-4 所示。Mapper 输出记录的 key 采用了 SampleID+WinID 的组合方式，这使得用于同一次统计分析（相同 SampleID）且相窗编号相同的记录被发送至同一个 Reducer[1]，避免了在 Reducer[1] 中区分不同的相窗，加快了 Reducer[1] 计算速度，并降低数据倾斜（MapReduce job 链中某一环节承担了较重的计算任务，成为性能瓶颈）的概率。

2. Reducer[1] 函数

分正负半周期，分别计算放电量相位分布谱图 $qave-\varphi$ 和放电次数相位分布谱图 $n-\varphi$，其输入、输出接口和算法过程如表 5-5 所示。WinID 表是相窗的编号，是在 Mapper 阶段计算得到并传递过来的。

3. Reducer[2] 函数

按照正负半周期，分别统计偏斜度 Sk、陡峭度 Ku、互相关系数 Cc 等统计特征，这需要对谱图数据进行两遍扫描：第一遍扫描，统计计算出放电量以及放电次数的均值、方差；第二遍扫描，计算 Sk 等统计特征。输出结果（15 维的放电特征向量）保存至 MaxCompute 表。输入、输出接口和算法过程如表 5-6 所示。

表 5-6　　　　　　　　　　统计计算的 Reducer[2] 函数

Reducer[2]（计算统计特征）	
输入	Key：Record{SampleID}； value：Record{WinID, totalq, avgq, nums, max}；
输出	Key：Record{SampleID}； Value：Record{SK_n+，SK_n-，SK_q+，SK_q-，Ku_n+，Ku_n-，Ku_q+，Ku_q-，Pe_n+，Pe_n-，Pe_q+，Pe_q-，CC，QF，Mcc}；
Reduce	1. 循环统计总电量和总放电次数； 2. 计算放电均值和放电方差； 3. 计算 15 维统计特征{SK_n+，SK_n-，SK_q+，SK_q-，Ku_n+，Ku_n-，Ku_q+，Ku_q-，Pe_n+，Pe_n-，Pe_q+，Pe_q-，CC，QF，Mcc}； 4. 将统计特征加入结果集，并输出至 MaxCompute 表

在表 5-6 中，SK_n+ 代表正半周期放电次数偏斜度；SK_n- 代表负半周期放电次数偏斜度；SK_q+ 代表正半周期放电量偏斜度；SK_q- 代表负半周期放电量偏斜度；其他特征的命名具有类似的含义。Ku 代表陡峭度；Pe 代表局部峰点数；CC 代表互相关系数；QF 代表放电量因数；Mcc 代表修正的互相关系数。

第九节　并行化 KNN 局部放电类型识别

本章采用 KNN 算法进行放电类型的识别。样本用 15 维统计特征表示，样本距离的度量采用欧氏距离。测试集以 MaxCompute 表的形式存储，训练集以 MaxCompute Resource 形式常驻内存。目前，MaxCompute Resource 的上限是 512MB，如果训练集超出此范围，可以采用"分而治之"的思想，把训练集垂直切分成多分临时表，把切分后的每份数据作为 Resource 加载到内存中，使用 MapJoin 的方式和测试集进行连接计算，选出最邻近的 N 个样本，判别放电类型。

在实现上，需要分为两个 MapReduce 完成（两个 MapOnly 作业，均不需要 Reduce 过程），过程如图 5-7 所示。

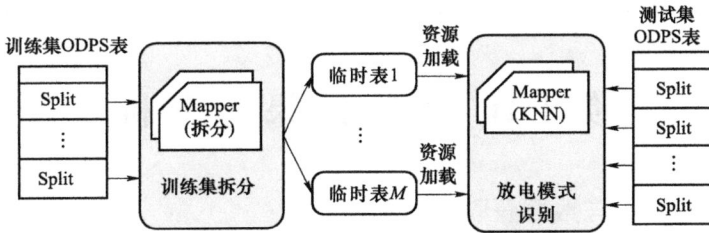

图 5-7　并行化 KNN 放电模式识别

在图 5-7 中，Mapper（拆分）对 MaxCompute 表中的训练集根据资源上限阈值进行数据拆分，并将每个拆分单元以临时表的形式复制到各个集群节点，待用。Mapper（KNN）首先循环加载训练集资源，计算测试样本与训练集样本的距离，并选出最近的 N 个样本，输出测试样本的类别。

Mapper（KNN）的输入、输出接口和算法过程如表 5-7 所示。算法的输入是 <key，value> 形式，key 是记录的 ID，value 包含样本 ID 和 15 维的局部放电特征向量；Setup 过程是在 Map 之前执行，且只执行 1 次，用于将训练集临时表加载至各数据节点的内存中；Map 函数的输出也是 <key，value> 形式，其中 key 是该条样本的 ID，而 value 是该条记录的特征值以及该条记录的判定类别。

表 5-7　　　　　　　　　　　　　　KNN 识别的 Mapper

Mapper（KNN）	
输入	Key：Record{RecordID}； Value：Record{SampleID, SK_n+，SK_n-，SK_q+，SK_q-，Ku_n+，Ku_n-，Ku_q+，Ku_q-，Pe_n+，Pe_n-，Pe_q+，Pe_q-，CC, QF, Mcc}； Resources：测试样本集合 List<Record>（1, 2, ...M）；
输出	Key：Record{SampleID}； Value：Record{ SampleID, Category, SK_n+，SK_n-，SK_q+，SK_q-，Ku_n+，Ku_n-，Ku_q+，Ku_q-，Pe_n+，Pe_n-，Pe_q+，Pe_q-，CC, QF, Mcc}；
Setup	将训练集临时表加载至各数据节点；
Map	1. 解析计算输入 Value，提取各特征量 R_i； 2. 循环计算 R_i 与训练集中样本的距离，得到集合 distance_array； 3. 对 distance_array 排序，获得前 K 个最临近样本； 4. 统计 K 个最临近样本出现频率最高的类别作为分类结果； 5. 将结果输出至 MaxCompute 表

第十节　实验结果与分析

一、放电实验与数据获取

在实验室完成了电晕放电、悬浮放电、气泡放电和油中放电实验，四种放电的实验室模型如图 5-8 所示。

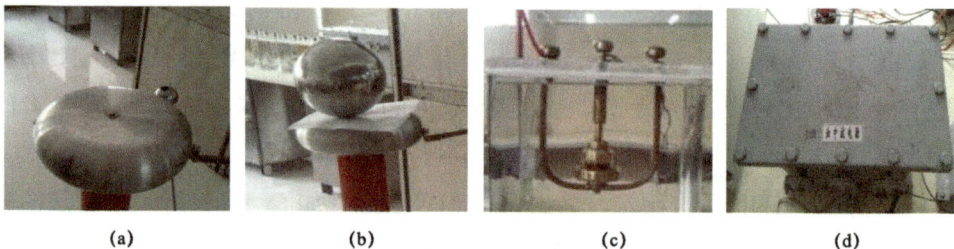

图 5-8　四种局部放电实验室模型
（a）电晕放电；（b）悬浮放电；（c）气泡放电；（d）油中放电

实验模型接线图如图 5-9 所示，局部放电信号采集仪器采用 TWPD-2F 局部放电综合分析仪，采样频率取 40MHz，采集频带为 40kHz～300kHz。

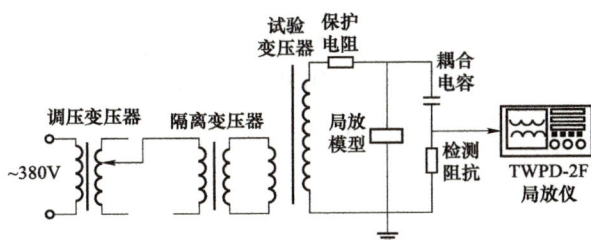

图 5-9　实验接线图

二、PD 数据上传与性能测试

在实验室完成了电晕放电、悬浮放电、气泡放电和油中放电实验。采集的局部放电数据以二进制文件（dat）存储在本地文件系统，每个文件含 1 个工频周期（20ms）内的采样数据，大小为 6251kbit，含 80 万个采样点的值。

为验证格式转换、上传性能以及 MaxCompute 存储的压缩性能，选取了不同大小的数据集进行测试，如表 5-8 所示。

表 5-8　　　　　　　　PD 数 据 集

数据集 ID	dat 文件数	dat（GB）	csv（GB）	Odps Table（GB）	Odps table 记录数（万条）	压缩比
1x	50	0.305	0.898	0.203	4000	4.421
2x	100	0.61	1.75	0.425	8000	4.118
4x	200	1.22	3.5	0.852	16 000	4.108
8x	400	2.44	7	1.523	32 000	4.596
16x	800	4.88	14	3.447	64 000	4.061
32x	1600	9.76	28	6.394	128 000	4.379
64x	3200	19.52	56	12.688	256 000	4.414
128x	6400	39.04	112	25.972	512 000	4.312
256x	12 800	78.08	224	51.952	1024 000	4.427

在表 5-8 中，数据集 1x 表示 1 倍数据，包含 50 个文件（50 条局放数据），本章中选用 50 条局放数据进行 1 次统计特征的提取。

上传至 MaxCompute 数据表之前，需要将二进制 dat 文件转换成文本格式（csv）文件。使用 CLI Tunnel 工具进行数据上传至 MaxCompute 表，上传命令如下：

```
tunnel u D:\data\jf_data\csv1\3_25.csv ods_pd  – dbr=true;
```

参数 – dbr=true 表示对文件中的脏数据忽略，不上传。上传的性能与客户端主机的网络状况直接相关。笔者使用教育科研网，在学校实验室上传数据至 MaxCompute 平台，上传速度如图 5 – 10 所示。

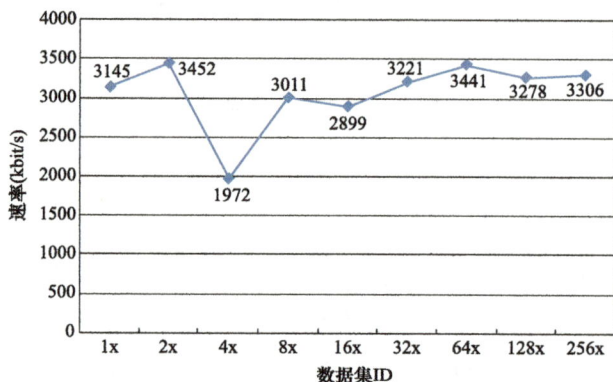

图 5 – 10　ODPS 数据上传性能

CLI Tunnel 默认情况下，对数据压缩后上传至 MaxCompute 表。目前，MaxCompute 使用的压缩算法压缩比根据数据类型的不同可达到 2～5 倍。本章验证了不同规模下的 PD 数据的压缩比，变化曲线如图 5 – 11 所示。

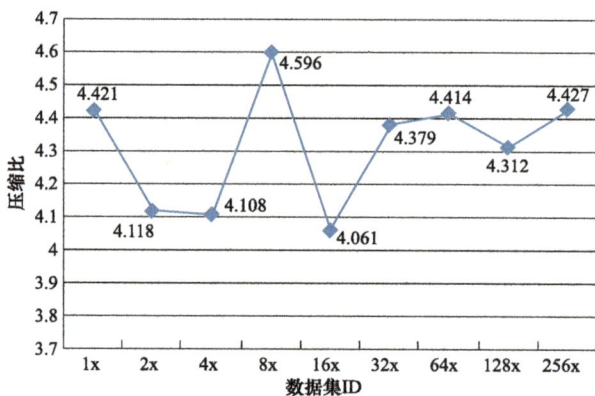

图 5 – 11　ODPS 数据压缩比

从图 5 – 11 可以看出，所设计的 MaxCompute 表模式在存储 PD 数据时获得了 4 倍以上的压缩比，对 8x 数据集的压缩比达到了峰值 4.596；当数据规模达到 224GB（csv 文档）时，压缩比达到了 4.427，节省了大量的存储空间。

三、计算性能对比分析

实验使用的数据经过格式转换和压缩上传，保存至 MaxCompute 表中。格式转换、压缩和上传的性能参见 5.10.2 节。本次实验使用的数据集如表 5−9 所示。

表 5−9   PD 数 据 集

数据集 ID	MaxCompute 表记录数（万条）	MaxCompute 表规模（GB）
1x	4000	0.203
2x	8000	0.425
4x	16 000	0.852
8x	32 000	1.523
16x	64 000	3.447
32x	128 000	6.394
64x	256 000	12.688
128x	512 000	25.972
256x	1 024 000	51.952

为了验证算法执行的性能，分别搭建了：① 单机环境（处理器 Pentium 2.8GHz，内存 4GB）；② Hadoop 环境（1 个 NameNode，6 个 DataNode 配置均为 4 核 CPU，内存 4GB）；③ MaxCompute 环境（系统配置参数与计算任务相关，动态变化）。

分别在上述三种环境下执行 PRPD 分析分析任务，并分别命名为 S−PRPD、Hadoop−PRPD 和 MaxCompute−PRPD。分别测量算法执行的时间、使用的硬件资源（CPU 核数、内存容量）、并行的粒度（map、reduce 任务数），进行性能对比，如图 5−12 所示。

在图 5−12（a）中，S−PRPD 算法只完成了 4x 数据集的分析任务（更大的数据量在单机下耗时太长），且执行时间随数据量增加急剧增长，主要原因是算法单机环境下运行，存储容量小，CPU 性能（主要因素）较差。Hadoop−PRPD 算法在自建 Hadoop 平台下执行。受存储容量和计算性能影响，实验只完成了 16x 数据集的分析任务，算法执行时间缓慢增长。结合图 5−12（b）、图 5−12（c）和图 5−12（d）可以看出，算法在处理 4x 数据集时 CPU 核心数（14）与 map 任务（19）（体现并行粒度）数接近，达到较好的匹配，系统硬件资源已经全部使用；在执行 16x 数据集分析时，map 任务数已达到 79，已远远大于 CPU 核心数（14），大量的 map 任务都是串行完成的，已经超出了平台的计算能力，无法胜任更大规模的计算任务。

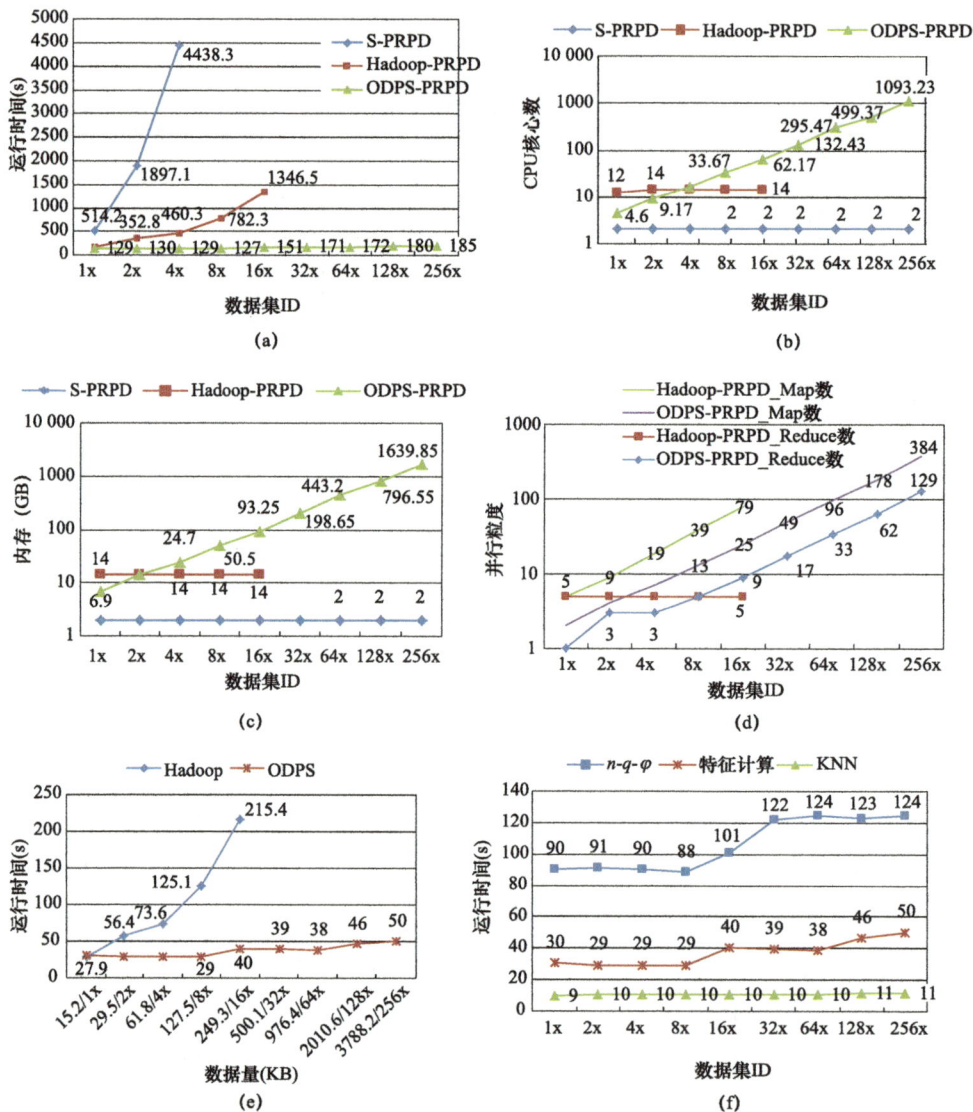

(a)

(b)

(c)

(d)

(e)

(f)

图 5-12　运行时间、硬件参数、并行粒度对比

（a）PRPD 运行时间；（b）PRPD CPU 核心数消耗；（c）PRPD 内存消耗；（d）PRPD 并行粒度；

（e）统计特征提取子过程运行时间；（f）MAXCOMPUTE-PRPD 子过程运行时间

MaxCompute–PRPD 算法运行在 MaxCompute 平台下，完成了 256x 数据集的分析（还可以更大，可支持 PB 级数据），运行时间非常平稳，在数据规模不断成倍增长的情况下，整体运行时间增长很少或不增长，甚至，在分析 8x 数据集时运行时间负增长。造成这种现象的主要原因是 MaxCompute 的弹性伸缩功能，如图 5–12（b）和图 5–12（c）所示。观察图形可以看出，随着数据规模的增长，MaxCompute–PRPD 使用的硬件资源总体呈现线性增长的趋势。数据规模越大，为其分配的硬件资源越多，但也不是严格的线性关系。MaxCompute 为并行任务分配的硬件资源有一个复杂的算法实现，目前阿里云尚未公开，使用者暂不能控制资源的分配。虽然底层细节对用户透明，但是这种弹性伸缩的性质还是能够强有力的为大数据分析助力。当数据规模达到 51GB（256x）时，使用的 CPU 核心数达到了 1093，内存达到了 1639GB，才能保证任务在 185s 内完成，这种硬件条件是目前大多数自建数据处理平台难以达到的。

从图 5–12（b）和图 5–12（c）可以看出，对 1x 和 2x 数据集的 PRPD 分析，MaxCompute–PRPD 算法消耗的硬件资源少于自建 Hadoop 平台，但仍获得了更优的性能，主要原因之一是 MaxCompute–PRPD 在统计特征提取子过程中使用了改进的 MR^2 模型，在计算谱图和统计特征中，大量的中间数据一直保留在内存中，省去了读写磁盘的时间开销，统计特征子过程的运行时间对比如图 5–12（e）所示。另外，MaxCompute 也对 MapReduce 任务进行了系统级的优化，使 MaxCompute–PRPD 性能优于 Hadoop–PRPD。当数据规模大于 2x 数据集时，MaxCompute–PRPD 运行时间远低于 Hadoop–PRPD，主要原因是使用硬件资源的增长。

图 5–12（f）对比了 MaxCompute–PRPD 各分析阶段的运行时间。可以看出，在整个分析过程中，第一个阶段统计参数 n–q–φ 提取过程占用的时间比例最高，平均占比达到 70%。主要原因是第一阶段处理的数据最多，之后计算出的统计数据规模较小，所以后续的分析过程执行时间较短。

四、成本分析

MaxCompute 采用租用的方式，无需自行购买硬件设备和软件，相对自建 Hadoop 或者其他大数据分析平台，前期投入成本极低。

MaxCompute 以项目（Project）为单位，对存储、计算和数据下载三个方面分别计费。数据上传目前暂不收取费用。存储价格目前是每小时 0.000 8 元/GB，计算费用是 0.3 元/GB。计算费用中，目前仅开放了 SQL 的计费，执行 MapReduce 暂时是免费。因此，本章实验实际产生的费用只有存储费用，合计 6.96 元（48h）。

考虑到未来即将开通 MapReduce 收费，本章按照 SQL 的标注计算费用。实验周期按 2 天（48h）计算，执行 1 次 MaxCompute-PRPD 产生的费用如图 5-13 所示。

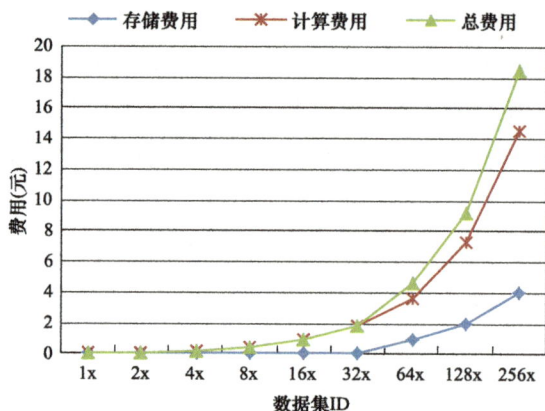

图 5-13　MAXCOMPUTE-PRPD 费用分析

从图 5-13 中可以看出，存储费用随时间呈线性增长。计算费用增长速度高于线性增长。

参 考 文 献

[1] Chang W. Partial Discharge Pattern Recognition of Cast Resin Current Transformers Using Radial Basis Function Neural Network [J]. Journal of Electrical Engineering & Technology，2014，9（1）：293-300.

[2] Cover，T.，Hart，P. Nearest neighbor pattern classification [J]. IEEE Trans. Inf. Theory，1967，30（1）：21-27.

[3] 李妹芳.ODPS 权威指南 [M]. 人民邮电出版社，2015：5-8.

第六章　基于 Stream Compute 的电力设备监测数据实时分析

一、概述

随着电网状态检修全面推广实施，电力设备状态监测系统进入了全面建设阶段，诸多先进的传感器技术也实际应用到构建坚强智能电网中，智能电网将可能成为传感器使用的最大用户。各种类型且数量庞大的传感器在智能电网的发电、输电、变电、配电和用电领域的广泛使用产生了以指数级增长的数据，呈现出数据量大、速度快、价值密度低、处理速度快等特点，迫切需要新的处理技术去应对存储、计算方面的挑战。

以 Hadoop[1]为代表的传统大数据处理技术主要用于海量数据的批量处理，使用 MapReduce[2]并行编程框架完成分布式并行的数据离线计算任务，特点是：数据规模大、高吞吐量、实时性差，因此很难满足电力设备监测数据的实时展示、在线计算等时效性要求较高的计算任务[3]。

流式计算框架主要用于流式数据处理，相对于批量计算框架（Hadoop MapReduce、Spark 等），具有事件触发、响应时间短（秒级，甚至毫秒级）等特点，主要的应用场景包括实时数据仓库[4]、流式数据处理[5]、设备在线监测[6]、实时报表[7]等场景中。流式大数据技术在电力行业中的成果相对较少，研究成果大都是基于开源的 Apache Storm 和 Saprk Streaming 完成[8, 9]。阿里云 Stream Compute 是阿里云提供的流式计算框架，在包括吞吐量在内的某些关键性能指标是 Storm 的 6～8 倍，数据计算延迟优化到秒级乃至毫秒级，单个作业吞吐量可做到百万级别，单集群规模在数千台[10]。这为实现更低延迟的电力设备监测数据的流式计算和可视化展示提供了强有力的计算引擎。

本章基于阿里云流计算以及配套的上下游产品，包括 DataHub、IOT 套件、RDS、DataV 完成了从数据采集、数据处理到数据可视化展示的一个完整系统，实现了电力设备监测数据的实时收集、时频分析以及动态可视化数据展示。实验测试表明，整体的处理延迟控制在秒级别，可以满足电力设备在线监测及实时数据展示的性能要求。

二、流式计算与可视化展示系统架构

（一）流式计算

目前对信息高时效性、可操作性的需求不断增长，这要求软件系统在更少的时间内能处理更多的数据。传统的大数据处理模型将在线事务处理和离线分析从时序上将两者完全分割开来，但显然该架构目前已经越来越落后于人们对于大数据实时处理的需求。

流计算的产生即来源于对于上述数据加工时效性的严苛需求：数据的业务价值随着时间的流失而迅速降低，因此在数据发生后必须尽快对其进行计算和处理。而传统的大数据处理模式对于数据加工均遵循传统日清日毕模式，即以小时甚至以天为计算周期对当前数据进行累计并处理，显然这类处理方式无法满足数据实时计算的需求。在诸如实时大数据分析、风控预警、实时预测、金融交易等诸多业务场景领域，批量（或者说离线）处理对于上述对于数据处理时延要求苛刻的应用领域而言是完全无法胜任其业务需求的。而流计算作为一类针对流数据的实时计算模型，可有效地缩短全链路数据流时延、实时化计算逻辑、平摊计算成本，最终有效满足实时处理大数据的业务需求。

从广义上说，所有大数据的生成均可以看作是一连串发生的离散事件。这些离散的事件以时间轴为维度进行观看就形成了一条条事件流/数据流。不同于传统的离线数据，流数据是指由数千个数据源持续生成的数据，流数据通常也以数据记录的形式发送，但相较于离线数据，流数据普遍的规模较小。流数据产生源头来自于源源不断的事件流，例如客户使用移动或 Web 应用程序生成的日志文件、网购数据、游戏内玩家活动、社交网站信息、金融交易大厅或地理空间服务，以及来自数据中心内所连接设备或仪器的遥测数据。

通常输入数据流是一个带有时间戳（TimeStamp）的多维数据集合 $x_1,\cdots,x_n$，每一个数据点 x_i 是包含 D 维的多维向量。数据流中的异常点 N 表示与数据集中的一般行为和模型不一致的点，通过聚类或分类技术可以发现异常点。流式计算过程通常用有向无环图（directed acyclic graph，DAG）表示，用于描述数据流的计算过程，类似于流水线处理方式，如图 6-1 所示：圆形表示数据的计算节点，箭头表示数据的流动方向。最终结果也是以流的方式输出。

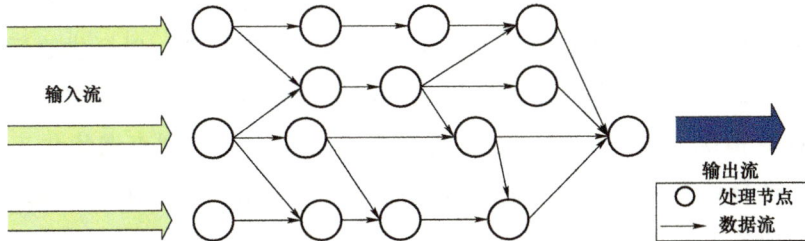

图 6-1　大数据流式计算

实时流数据处理系统特点包括：

（1）数据流加载。大规模流式计算系统中，数据通常以流的方式进入系统。如何高效且可靠地将数据加载到内存系统中成为流式计算系统实现低延迟处理的基础。

（2）复杂事件处理（CEP）。数据流中的数据源是多种多样的，数据的格式也是多种多样，而数据的转换、过滤和处理逻辑更是千变万化，因而需要强大而又灵活的复杂事件处理引擎来适应各种场景下的需求。

（3）高可用性。数据通过复杂处理引擎和流计算框架时，通常会经过很多步骤和节点，而其中任何一步都有出错的可能，为了保证数据的可靠性和精准投递，系统需要具有容错和去重能力。

（4）流量的控制和缓存。整个流计算系统可能有若干个模块，每个模块的处理能力和吞吐量差别很大，为了实现总体高效的数据处理，系统需要对流量进行控制和动态节点增加和删除的能力。当数据流入大于流出的速度时，还需要有一定的缓存能力，如果内存不足以缓存快速流入的数据时，需要能够持久化到存储层。

（二）批量计算与流式计算的对比

1. 批量计算

目前绝大部分传统数据计算和数据分析服务均是基于批量数据处理模型：使用 ETL 系统或者 OLTP 系统进行构造数据存储，在线的数据服务（包括 Ad-Hoc 查询、DashBoard 等服务）通过构造 SQL 语言访问上述数据存储并取得分析结果。这套数据处理的方法论伴随着关系型数据库在工业界的演进而被广泛采用。但在大数据时代下，伴随着越来越多的人类活动被信息化、进而数据化，越来越多的数据处理要求实时化、流式化，当前这类处理模型开始面临实时化的巨大挑战。传统的批量数据处理模型传统的批量数据处理通常基于如下处理模型：

使用 ETL 系统或者 OLTP 系统构造原始的数据存储，以提供给后续的数据服务进行数据分析和数据计算。即下图，用户装载数据，系统将根据自己的存储和计算情况，对于装载的数据进行索引构建等一系列查询优化工作。因此，对于批量计算，数据一定需要预先加载到计算系统，后续计算系统才在数据加载完成后方能进行计算。

用户/系统主动发起一个计算作业（例如 MaxCompute 的 SQL 作业，或者 Hive 的 SQL 作业）并向上述数据系统进行请求。此时计算系统开始调度（启动）计算节点进行大量数据计算，该过程的计算量可能巨大，耗时长达数分钟乃至于数小时。同时，由于数据累计的不可及时性，上述计算过程的数据一定是历史数据，无法保证数据的"新鲜"。用户可以根据自己需要随时调整计算 SQL，甚至于使用 AdHoc 查询，可以做到即时修改即时查询。

计算结果返回，计算作业完成后将数据以结果集形式返回用户，或者可能由于计算结果数据量巨大保存着数据计算系统中，用户进行再次数据集成到其他系统。一旦数据结果巨大，整体的数据集成过程漫长，耗时可能长达数分钟乃至于数小时。

2. 流计算

不同于批量计算模型，流式计算更加强调计算数据流和低时延，流式计算数据处理模型如下。

使用实时数据集成工具，将数据实时变化传输到流式数据存储（即消息队列，如 DataHub）；此时数据的传输变成实时化，将长时间累积大量的数据平摊到每个时间点不停地小批量实时传输，因此数据集成的时延得以保证。此时数据将源源不断写入流数据存储，不需要预先加载的过程。同时流计算对于流式数据不提供存储服务，数据是持续流动，在计算完成后就立刻丢弃。

数据计算环节在流式和批量处理模型差距更大，由于数据集成从累积变为实时，不同于批量计算等待数据集成全部就绪后才启动计算作业，流式计算作业是一种常驻计算服务，一旦启动将一直处于等待事件触发的状态，一旦有小批量数据进入流式数据存储，流计算立刻计算并迅速得到结果。同时，阿里云流计算还使用了增量计算模型，将大批量数据分批进行增量计算，进一步减少单次运算规模并有效降低整体运算时延。从用户角度，对于流式作业，必须预先定义计算逻辑，并提交到流式计算系统中。在整个运行期间，流计算作业逻辑不可更改！用户通过停止当前作业运行后再次提交作业，此时之前已经计算完成的数据是无法重新再次计算。

不同于批量计算结果数据需等待数据计算结果完成后，批量将数据传输到在线系统；流式计算作业在每次小批量数据计算后可以立刻将数据写入在线/批量系统，无需等待整体数据的计算结果，可以立刻将数据结果投递到在线系统，进一步做到实时计算结果的实时化展现。

（三）系统整体架构

不同于传统的离线数据，电力设备监测流式数据产生源头来自于源源不断的事件流，由多个数据源持续生成的数据，流数据通常也以数据记录的形式发送，但相较于离线数据，流数据具有实时、连续、无界的特征，对于采集、计算、集成的时延要求较高。阿里云流式计算服务部署在分布式集群上，经由 DataHub 高速通道到达的多源监测数据，进入流计算后，在内存中就可以完成数据分析，延迟短，可以在秒级甚至毫秒级完成计算，这与以 Hadoop MapReduce 为代表的批量计算有着本质的差别。基于阿里云 Stream Compute 技术，设计的电力设备监测数据流式计算和可视化展示系统框架如图 6-2 所示。

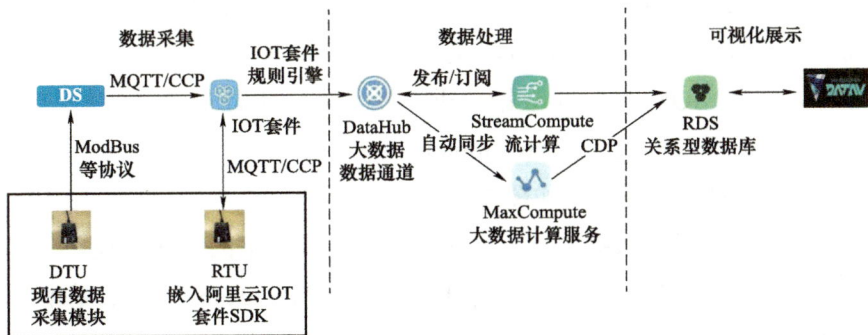

图 6-2　系统框架图

统整体架构可以分为三个部分：数据采集和交互、实时数据处理、数据应用。数据采集设备通过嵌入阿里云 IOT 套件 SDK，可以直接与 IOT 套件通信，通信协议目前支持主流的 MQTT/CCP 协议。IOT 套件用于采集设备终端和云端的双向通信，可以实现支撑亿级设备长连接，百万消息并发。使用 IOT 套件规则引擎，配置数据实时同步至 DataHub。

DataHub 服务可以对各种电力设备监测所产生的大量流式数据进行持续不断的采集，存储和处理。监测数据进入 DataHub 之后，便直接由流计算引擎所订阅，监测数据的实时处理在流计算引擎中完成。流计算产出各种实时的数据处理结果，比如实时图表、报警信息、实时统计等，可以同步至 RDS，用于后期各类实时数据消费，包括进行可视化的实时数据展示、实时报表等。另外，流式计算的结果和流数据本身也可以再次同步至大数据计算引擎，用于支撑后期的历史数据批量计算和分析。

三、监测数据的采集、发布和订阅

监测数据的采集、发布和订阅功能使用阿里云的 DataHub 服务完成。DataHub 是 MaxCompute 提供的流式数据处理（Streaming Data）服务，提供了流式数据的发布（Publish）和订阅（Subscribe）的功能，并基于此构建基于流式数据的分析和应用。DataHub 可以对各种移动设备、应用软件、网站服务、传感器等产生的大量流式数据进行持续不断的采集、存储和处理。在 DataHub 接收采集数据之后，使用流计算引擎来处理写入到 DataHub 的流式数据，并产出各种实时的数据处理结果比如实时图表、报警信息、实时统计等。

DataHub 是建立在阿里云飞天平台之上，具有高可用、低延迟、高可扩展、高吞吐的特点。DataHub 与阿里云流计算引擎 StreamCompute 无缝连接，并可以使用 SQL 进行流数据分析。DataHub 也提供流式数据归档的功能，支持流式数据归档进入 MaxCompute。

DataHub 的整体功能架构如图 6-3 所示。

使用 DataHub 进行数据收集和发布，需要完成如下的操作过程。

（1）创建项目（Project）。项目（Project）是 DataHub 数据的基本组织单元，下面包含多个 Topic。值得注意的是，DataHub 的项目空间与 MaxCompute 的项目空间是相互独立的。用户在 MaxCompute 中创建的项目不能复用于 DataHub，需要独立创建。

（2）创建 Topic。Topic 是 DataHub 订阅和发布的最小单位，用户可以用 Topic 来表示一类或者一种流数据。

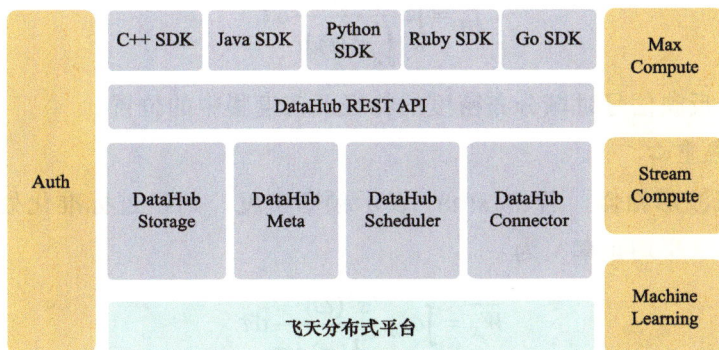

图 6-3　DataHub 系统架构图

（3）数据采集。IOT 套件主动向 DataHub 进行数据推送，并缓存至创建好的响应的 Topic 中。

（4）数据抽样。Web Console 提供对 Shard 的基于时间的数据抽样功能。设置指定时间与数量限制，展示在指定时间之后写入的指定数量的 Record，当 Record 数不足指定数量时，展示仅有的 Records。当指定时间大于等于当前时间，仅展示最后一条记录。

（5）数据发布。编写 StreamCompute 应用订阅 DataHub 中的数据，并进行实时的加工，把加工后的结果输出。可以把应用计算产生的结果输出到 DataHub 中，并使用另外一个应用来处理上一个应用生成的流式数据，来构建数据处理流程的 DAG。

四、基于流计算的电力设备监测数据实时特征提取

（一）监测数据时频域特征的计算方法

本节的流计算任务主要基于变压器局部放电特高频波形数据进行实时的时频分析和特征提取，计算的特征包括：脉冲波形时间重心、频率重心、等效时宽、等效频宽以及二次等效时宽、二次等效频宽。这六个特征量的定义与计算方法如下。

1. 时间重心

若信号的一个脉冲波形时域表达式为 $s(t)$，将 $|s(t)|^2$ 看作时间密度，则基于标准偏差对时域信号进行标准化处理后，信号的时间重心（平均时间）为

$$\overline{t_N} = \int_0^T \tau \frac{s^2(\tau)}{\int_0^T s^2(t) \mathrm{d}t} \mathrm{d}\tau \qquad (6-1)$$

它可以反映信号时域分布密度的特征及密度集中的位置。

2. 频率重心

与时域波形相似，若将 $|s(\omega)|^2$ 表示频率密度，则经过标准化处理后的信号频率重心（平均频率）为

$$\overline{W_N} = \int_0^\infty \omega \frac{s^2(\omega)}{\int_0^\infty s^2(\sigma) \mathrm{d}\sigma} \mathrm{d}\tau \qquad (6-2)$$

它可以反映信号频率分布密度的特征及密度集中的位置。

3. 等效时宽

由时间重心进一步定义等效时宽如下

$$T = \sqrt{\int_0^T (\tau - \overline{t_N})^2 \frac{s^2(\tau)}{\int_0^T s^2(t) \mathrm{d}t} \mathrm{d}\tau} \qquad (6-3)$$

它反映了多大范围的信号集中在时间重心的周围，表示信号持续时间。

4. 等效频宽

由频率重心定义等效频宽为

$$F = \sqrt{\int_0^\infty (\omega - \overline{\omega_N})^2 \frac{s^2(\omega)}{\int_0^\infty s^2(\sigma) \mathrm{d}\sigma} \mathrm{d}\omega} \qquad (6-4)$$

它反映了多大范围的信号集中在频率重心的周围，表示信号频谱范围。

5. 二次等效时宽和二次等效频宽

引入随机过程高阶统计量，可得到脉冲波形的高维特征量，使波形特征量在数值上差异更大，更加有利于后续信号识别，结合式（6-1）～式（6-4），当 $k=2$ 时即称为二次等效时宽和二次等效频宽[11]，如式（6-5）和式（6-6）所示

$$T^k = \frac{\sqrt{\int_0^T (\tau - \overline{t_N})^{2k} \frac{s^{2k}(\tau)}{\int_0^T s^{2k}(t) \mathrm{d}t} \mathrm{d}\tau}}{T} \qquad (6-5)$$

$$F^k = \frac{\sqrt{\int_0^\infty (\omega - \overline{\omega_N})^{2k} \frac{s^{2k}(\omega)}{\int_0^\infty s^{2k}(\sigma)\mathrm{d}\sigma} \mathrm{d}\omega}}{F} \qquad (6-6)$$

（二）阿里云流式计算服务

阿里云流计算（Alibaba Cloud Stream Compute）是运行在阿里云平台上的流式大数据分析平台，提供在云上进行流式数据实时化分析工具。使用阿里云 StreamSQL，可以有效规避掉底层流式处理逻辑的繁杂重复开发工作，主要应用于流数据分析、实时监控、实时报表和实时数据仓库等领域。流式计算的典型应用场景及主要的上下游工具组件如图 6-4 所示。

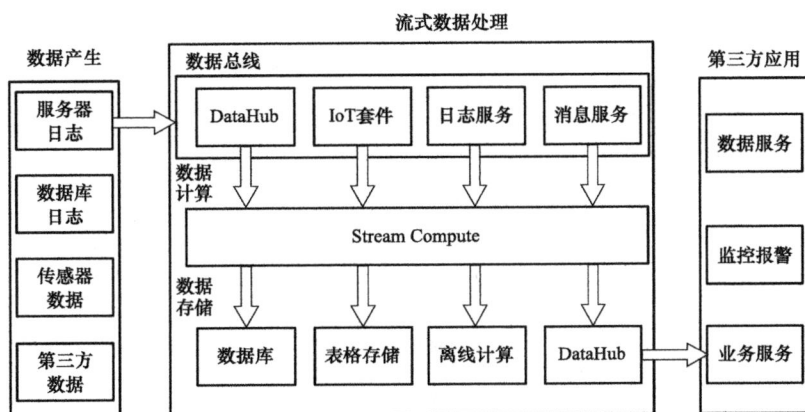

图 6-4　流式计算的典型应用场景及主要的上下游工具组件

不同于其他开源流计算中间件只提供粗陋的计算框架，大量的流计算细节需要重新实现，流式计算集成了诸多全链路功能，方便进行全链路流计算开发，包括：

（1）流计算引擎。提供标准 StreamSQL，支持各类 Fail 场景的自动恢复，支持故障情况下数据处理的准确性；支持多种内建的字符串处理、时间、统计等类型函数。

（2）关键性能指标超越 Storm 的 6～8 倍，数据计算延迟优化到秒级乃至毫秒级，单个作业吞吐量可做到百万级别，单集群规模在数千台。

（3）深度整合各类云数据存储，包括 DataHub、日志服务（SLS）、RDS、OTS、ADS、IOTHub 等各类数据存储系统，无需额外的数据集成工作。

（三）存储设计

通过 IOT 套件实时采集上来的监测数据暂存在 DataHub 中。流计算处理产生的结果将存储在云数据库 RDS 中。在进行流式处理前，需要首先在阿里云流计算中注册其存储信息，才可与这些数据源进行互通。

需要在 Data Hub 中创建 Project 和 Topic。项目（project）是 DataHub 数据的基本组织单元，可以包含多个 Topic。设计了 4 个 Topic，分别用于暂存原始采样数据、流数据统计特征。其逻辑模型和血缘关系如图 6-5 所示。

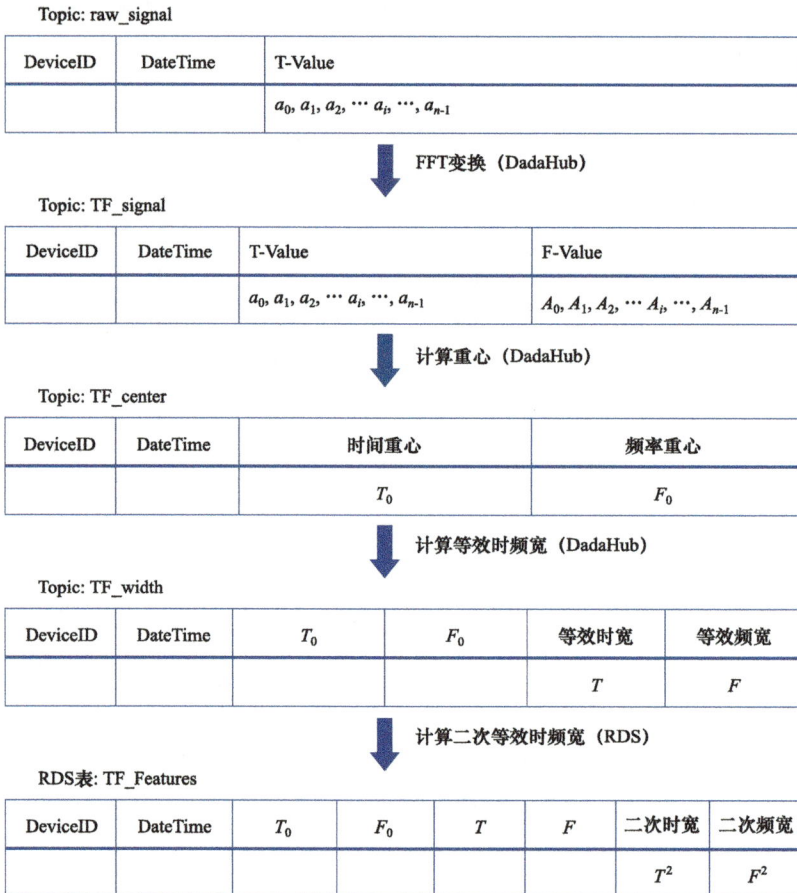

Topic: raw_signal

DeviceID	DateTime	T-Value
		$a_0, a_1, a_2, \cdots a_i, \cdots, a_{n-1}$

⬇ FFT变换（DadaHub）

Topic: TF_signal

DeviceID	DateTime	T-Value	F-Value
		$a_0, a_1, a_2, \cdots a_i, \cdots, a_{n-1}$	$A_0, A_1, A_2, \cdots A_i, \cdots, A_{n-1}$

⬇ 计算重心（DadaHub）

Topic: TF_center

DeviceID	DateTime	时间重心	频率重心
		T_0	F_0

⬇ 计算等效时频宽（DadaHub）

Topic: TF_width

DeviceID	DateTime	T_0	F_0	等效时宽	等效频宽
				T	F

⬇ 计算二次等效时频宽（RDS）

RDS表: TF_Features

DeviceID	DateTime	T_0	F_0	T	F	二次时宽	二次频宽
						T^2	F^2

图 6-5　存储设计

在图 6-5 中，$a_0, a_1, a_2, \cdots, a_i, \cdots, a_{n-1}$ 代表时域上 n 个采样点的波形值；$A_0, A_1, A_2, \cdots, A_i, \cdots, A_{n-1}$ 则代表快速傅里叶变换后 n 个点的频谱赋值。

特征提取过程分多步执行，分别使用流计算任务实现实时计算，中间过程数据均使用 DataHub 的 Topic 暂存，最终特征计算结果持久化保存至 RDS for MySQL 数据库。创建表的 SQL 如下：

－－创建 TF_Features －－

CREATE TABLE IF NOT EXISTS TF_Features （DeviceID int，DateTime timestamp，T0 decimal，F0 decimal，T decimal，F decimal，T2 decimal，F2 decimal）

（四）流式数据处理

流式数据处理过程包含四个过程：

（1）注册 DataHub 数据存储。数据源在使用前必须经过流计算里面的注册过程，注册相当于在流计算平台中登记相关数据源信息，方便后续的数据源使用。

（2）注册 RDS 数据存储。当前 RDS 仅支持 MySQL 引擎的数据库，其他的数据库引擎暂时不支持。

（3）创建 Stream SQL 任务。为了完成电力设备监测数据实时特征提取，创建了 4 个串行的 Stream SQL 任务，其依赖关系用工作流 DAG 图描述，如图 6－6 所示。

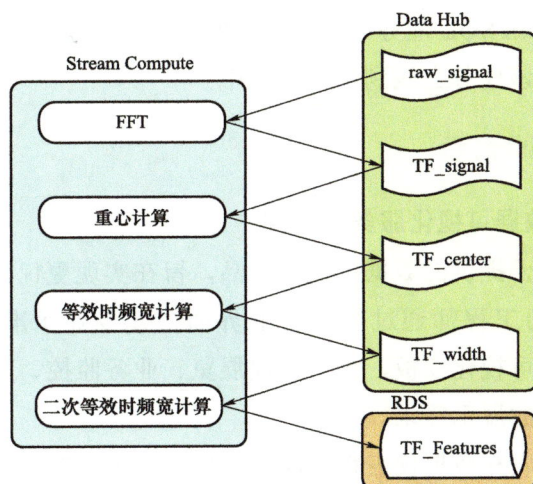

图 6－6　实时流计算任务处理流程

流计算的流计算任务主要使用 Stream SQL 描述，部分功能使用 UDF（用户自定义函数），并嵌入到 Stream SQL 中。FFT 计算 Stream SQL 描述如表 6-1 所示。

表 6-1　　　　　　　　　FFT 计算的 Stream SQL 描述

输入表	输出表	数据加工
CREATE STREAM TABLE raw_signal (　DeviceID　　STRING, 　DateTime　　STRING, 　T - Value　　STRING,)WITH (　type='datahub', 　endpoint='http://dh - cn - hangzhou - internal.aliyuncs.com', 　roleArn='acs:ram::1567572822645561:role/aliyunstreamdefaultrole', 　projectName='signal_analysis', 　topic=' raw_signal ');	CREATE RESULT TABLE TF_signal (　DeviceID　　STRING, 　DateTime　　STRING, 　T - Value　　STRING, 　F - Value　　STRING,)WITH (　type='datahub', 　endpoint='http://dh - cn - hangzhou - internal.aliyuncs.com', 　roleArn='acs:ram::1567572822645561:role/aliyunstreamdefaultrole', 　projectName='signal_analysis', 　topic=' TF_signal ');	INSERT INTO TF_signal SELECT(　DeviceID, 　DateTime, 　T - Value, 　Fft(T - Value)as F_Value FROM raw_signal;

Stream SQL 流计算任务主要包括三个部分：输入表、输出表和数据加工过程。Stream Compute 并没有存储功能，所以这里的输入和输出都是来自 DataHub 的。数据加工中的 Fft 是 UDF，使用 Java 语言实现。其他流计算过程的代码结构与表 6-1 类似，这里不再赘述。最后一个流计算任务（计算二次等效时频宽）的输出是 RDS FOR MYSQL 的表，与之前均不相同。

（4）上线 Stream SQL 任务。当完成开发、调试，经过验证 Stream SQL 正确无误之后，可将该任务上线到生产系统中。

五、实时可视化展示

（一）阿里云数据可视化服务 DataV

DataV 是阿里云提供的数据可视化产品，旨在实现更优秀的数据可视化方案，帮助非专业的工程师通过图形化的界面搭建专业水准的可视化应用。DataV 提供丰富的可视化模板，满足会议展览、业务监控、风险预警、地理信息分析等多种业务的展示需求。

相比于传统图表与数据仪表盘，DataV 提供了更生动、友好的形式及时呈现隐藏在瞬息万变且庞杂数据背后的业务洞察，目前在零售、物流、电力、水利、环保、交通领域得到广泛应用，通过交互式实时数据可视化视屏墙来帮助业务人员发现、诊断业务问题，越来越成为大数据解决方案中不可或缺的一环。

DataV 的产品特性包括：

（1）多种场景模板。数据可视化的设计难点不在于图表类型的多，而在于如何能在简单的一页之内让人读懂数据之间的层次与关联，这就关系到色彩、布局、图表的综合运用。DataV 提供指挥中心、地理分析、实时监控、汇报展示等多种场景模版。

（2）多种图表组件，支撑多种数据类型的分析展示。除针对业务展示优化过的常规图表外，还能够绘制包括海量数据的地理轨迹、地理飞线、热力分布、地域区块、3D 地图、3D 地球，地理数据的多层叠加。此外还有拓扑关系、树图等异形图表供您自由搭配。

（3）多种数据源接入。能够接入包括阿里云分析型数据库，关系型数据库，本地 CSV 上传和在线 API 的接入，且支持动态请求。满足各类大数据实时计算、监控的需求，充分发挥大数据计算的能力。

（4）图形化的搭建工具。提供多种的业务模块级而非图表组件的 Widget，所见即所得式的配置方式。

（5）多分辨率适配与发布方式。特别针对拼接大屏端的展示做了分辨率优化，能够适配非常规拼接分辨率做适配优化。创建的可视化应用能够发布分享。

（二）监测数据可视化展示效果

数据展示使用阿里云数据可视化服务（DataV）实现。DavaV 提供了多种场景模板和各类报表模板支持。DataV 同时支持数据库、API、CSV、静态文件等各类数据源的可视化展示。由于本章中流计算的输出使用了 RDS，所以在 DataV 中，使用 RDS FOR MYSQL 作为数据源，与可视化组件绑定，实现动态，实时的数据可视化报表。完成的监测数据可视化展示效果如图 6-7 所示。

六、实验与测试

实验在阿里云数加平台上完成，使用的服务包括：IOT 套件、DataHub、Stream Compute、RDS for MYSQL 以及 DataV。其中，流计算是本次工作的核

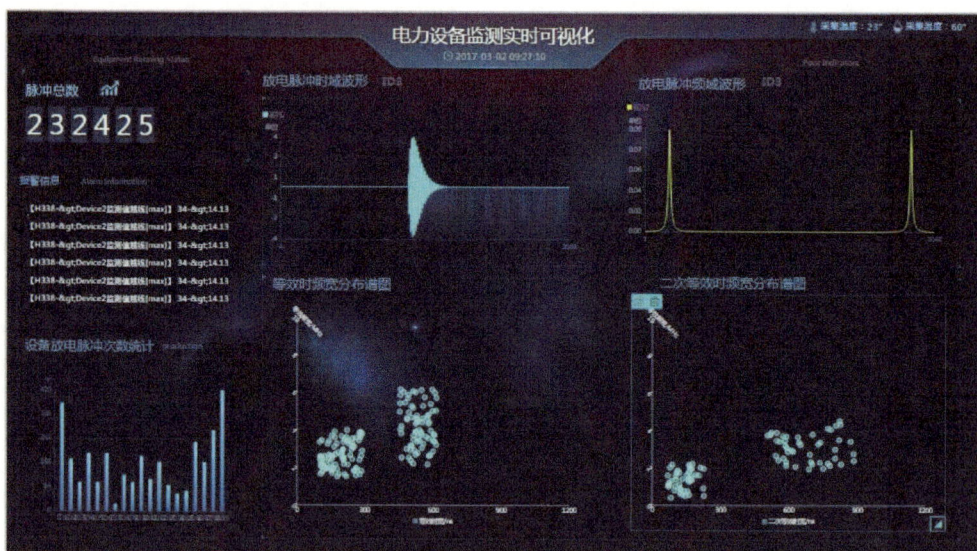

图 6-7　电力设备监测数据实时可视化展示大屏

心功能，申请的硬件配置是 10CU。CU 是阿里云流计算中计算单元，一个 CU 描述了一个流计算作业最小运行能力，即在限定的 CPU、内存、IO 情况下对于事件流处理的能力。一个流计算作业可以指定在 1 个或者多个 CU 上运行。在计算能力上，1CU 的性能处理瓶颈是 1000 条数据/s。

　　本章实验中，使用的是局部放电特高频波形数据，采样率达到 10GHz，每次采样时间取 2μs，每次触发流计算任务，处理的数据规模为 80kB，含 2 万个采样点。

　　实验研究主要关注流计算的关键性能指标，包括：业务延迟、计算耗时、数据输入、数据输出、CPU 占用、内存占用、源表 RT、脏数据统计等方面。以下对局部放电数据等效时频宽流计算任务的性能指标进行描述和分析。

　　（1）业务延迟。描述当前流计算处理时刻减去流式数据业务时间戳（如果业务时间不存在，使用上游的 DataHub/LogHub 等均会对进入的数据加入系统时间戳），该数据集中反映出当前流计算全链路的一个时效情况。业务延时用来监控全链路的数据进度，如果源头采集数据由于故障没有进入 DataHub，业务延时也会随之主键增大。局部放电数据等效时频宽流计算业务延迟记录如图 6-8 所示。

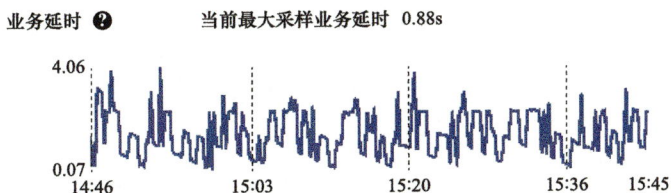

图 6-8 业务延时

当前该流计算任务的业务延时，包括当前的业务延时以及历史的延时曲线，单位是秒。

（2）计算耗时。指一批数据从进入流计算到最终输出的过程时间，该数据集中反映出当前流计算处理本身的时延，是流计算本身处理能力数据指标。一般计算耗时在秒级别以内，如果大于秒级，有可能是内部处理逻辑过于复杂，需要调优。局部放电数据等效时频宽流计算耗时如图 6-9 所示。

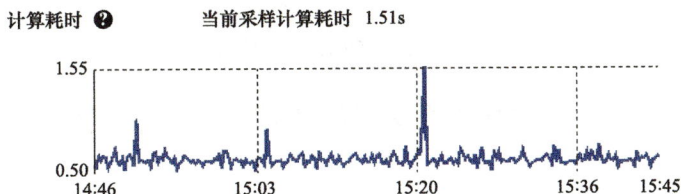

图 6-9 计算耗时

计算耗时页面会提供当前该流计算任务的计算计算耗时，包括当前的计算耗时以及历史的延时曲线，单位是秒。

（3）数据输入。对该流计算任务所有的流式数据输入进行统计，给出数据源 RPS（Record Per Secodng）指标，如图 6-10 所示。

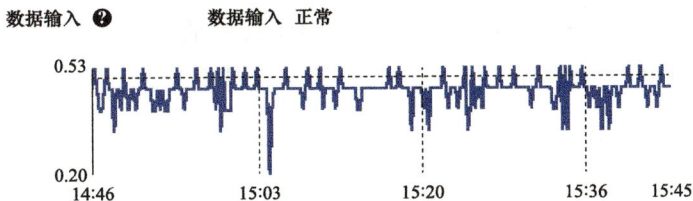

图 6-10 输入 RPS

（4）数据输出。对该流计算任务所有的数据输出进行统计，给出输出 RPS（Record Per Secodng）情况，如图 6-11 所示。

数据输出 ❷   数据输出 正常

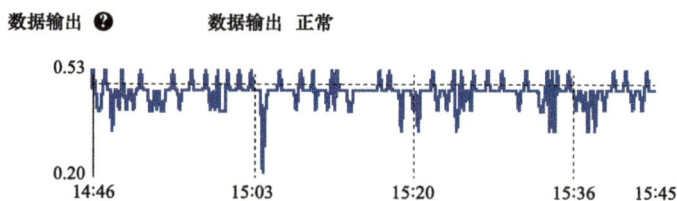

图 6-11 输出 RPS

（5）CPU 占用。CPU 占用反映的是流计算任务对于 CPU 资源消耗情况，包括 CPU 使用率和使用核数，如图 6-12 所示。

CPU占用 ❷   使用核数/申请核数 3.00%

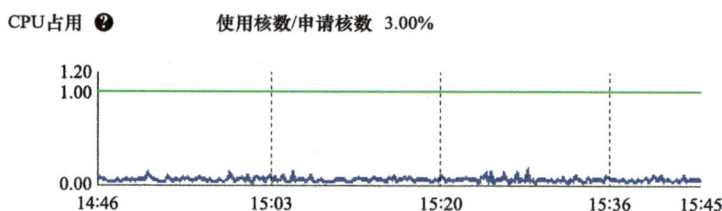

图 6-12 CPU 占用情况

（6）内存占用。内存使用率反映的是流计算任务对于内存资源消耗情况，如图 6-13 所示。

内存占用 ❷   当前单个Worker内存使用量 804.00MB

图 6-13 内存使用情况

（7）源表 RT（Response Time）。源表 RT 反映的是流计算读取源头数据一次的平均 RT 时间，如图 6-14 所示。时间单位是毫秒。

源表RT ❷

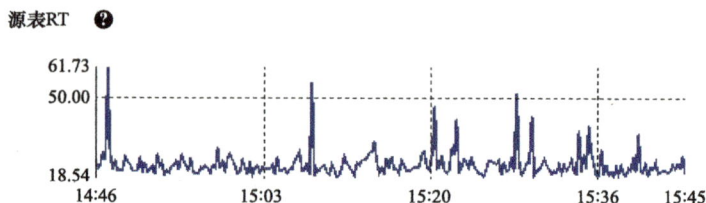

图 6-14 源表 RT

参 考 文 献

［1］ Tom W. Hadoop 权威指南：中文版［M］.周敏奇，王晓玲，金澈清，译.北京：清华大学出版社，2010：51－55.

［2］ DEAN J，GHEMAWAT S. Map R educe：simplified data processingon large clusters［C］//6th Conference on Symposium on OpeartingSystems Design & Implementation. Berkeley：USENIX Association，2004：137－150.

［3］ AGNEESWA R AN V S.Big data analytics beyond hadoop：realtime applications with storm，spark，and more hadoop alte［M］. New Jersey：Pearson Education，2014：55－70.

［4］ 林子雨，林琛，冯少荣，等.MESHJOIN*：实时数据仓库环境下的数据流更新算法［J］. 计算机科学与探索，2010，04（10）：927－939.

［5］ SILVA B N，KHAN M，HAN K. Big data analytics embedded smart city architecture for performance enhancement through realtime data processing and decision-making ［J/OL］. Wireless Communications and Mobile Computing，2017，［2017－01－18］. https://doi.org/10.1155/2017/9429676.

［6］ 王德文，杨力平.智能电网大数据流式处理方法与状态监测异常检测［J］.电力系统自动化，2016，40（14）：122－128.

［7］ SH R UTHI K，SIDDHARTH P.Easy，real-time big data analysis using storm［EB/OL］. ［2012－12－04］. http：//www.drdobbs.com/cloud/easy-real-time-big-data-analysis-using-s/240143874?pgno=1.

［8］ 张少敏，孙婕，王保义.基于 Storm 的智能电网广域测量系统数据实时加密［J］.电力系统自动化，2016，40（21）：123－127.

［9］ 王铭坤，袁少光，朱永利，等.基于 Storm 的海量数据实时聚类［J］.计算机应用，2014，34（11）：3078－3081.

［10］ 阿里云.流计算产品特点［EB/OL］.［2017－02－28］. https://help.aliyun.com/document_detail/49930.html?spm=5176.doc49929.6.550.DVbqvj.

［11］ 鲍永胜.局部放电脉冲波形特征提取及分类技术［J］.中国电机工程学报，2013，33（28）：168－175.

第七章　同步多通道的电力设备状态监测数据特征提取方法

第一节　同步多通道监测数据的多尺度分析研究的意义

伴随多传感测量技术的发展，多通道监测系统正广泛应用于电力系统状态监测中。例如：多通道电能质量检测[1]、多通道谐波监测[2]、多通道变压器振动监测[3]、多通道局部放电检测[4]、多通道工频场强监测[5]等。相对于单传感测量，通过多类同构或异构传感器对监测对象进行同步测量，能够获得更可靠、更全面的设备状态信息，从而更有利于后期的系统或设备状态评估、故障诊断。然而，目前学术界对同步多通道数据序列动态相互关系并没有严格意义上的定义，在具体的应用领域中，同步多通道数据并未获得充分利用。例如，变压器振动信号采集通常可同时获得变压器器身多个部位的同步多通道信号，然而目前的分析研究通常仅参考了一个通道数据即得出结论[6]，未能充分利用所获取的同步多通道信息；或者在决策层和特征层对处理后的多通道数据进行简单融合[7]，离数据源较远，精度低。

对同步观测的多通道数据序列以及序列间动态相互关系的评价日益受到研究者的重视，如何利用同步多通道数据进行更有效的信号特征提取是一个很大的挑战。

多尺度分析方法[8]由于克服了样本熵（sample entropy）[9]在衡量多变量随机序列和多变量混沌序列关系时的矛盾而得到的广泛关注与研究。相比于传统的时间序列分析、基于傅里叶变换的频谱分析，对数据的多尺度分析可以更好地提取数据的特征，识别关联规则，寻找参数间的联系。例如对机械齿轮振动信号的分析，其高尺度近似信号重构反映了齿轮的磨损状况，而低尺度细节信号重构反映了齿轮断裂等故障。对数据多尺度的分析往往可以克服传统数据处理无法兼顾整体趋势分析及局部波动相似性分析的不足，因此，对同步多通道数据进行多尺度分析研究就成为了一个重要研究课题。

在多尺度化方法的研究方面，2010 年提出的多变量经验模态分解（multivariate empirical mode decomposition，MEMD）[10]算法克服了多尺度熵（multiscale entropy，MSE）[8]统计稳定性差，不适用于非线性非平稳信号的缺点，为多通道数据的多尺度化提供了新的技术手段。一些初步的研究利用 MEMD 对多变量数据进行多尺度化，从而获得每个序列的 MSE 以及多变量序列的 MMSE，证实了基于 MEMD 的多尺度化方法在刻画非平稳信号尺度上表现出良好的性能。但是，目前 MEMD 算法中阈值判断隶属度函数构造、多元 EMD 局部均值估计方法以及方向向量的选择等方面仍需要进一步研究，算法的分解精度有待提高。

另一方面，随着智能电网建设的不断推进，智能化电力一次设备和常规电力设备的在线监测都得到了较大发展，监测数据日益庞大，增长速度呈现指数级，逐渐构成电力设备状态监测大数据[11]。如何对大规模、高维、复杂的同步多通道信号进行快速的多尺度分析是电力设备在线监测系统面临的一个很大的挑战。

MEMD 分解过程包含空间投影、包络插值估计等复杂运算，计算量大，实时性差。尤其在多传感器高采样率情况下，同步多通道状态监测大数据快速到达监测系统，需要进行在线分析处理，原始 MEMD 算法不能满足信号分析的实时性要求。笔者课题组在先期研究中，对同步多通道变压器振动信号进行 MEMD 分解，在单机环境下（4 核 CPU，主频 2.60GHz，4GB RAM 内存，使用 Matlab 环境），选取不同长度信号进行 MEMD 分解，运行时间如表 7-1 所示。

表 7-1 　　单机环境下 6 通道振动信号 MEMD 分解运行时间

信号长度（点数）	5000	10 000	40 000	100 000
运行时间（s）	57.2	131.6	1019.5	5068.5

可以看出，MEMD 分解运行时间随信号长度呈非线性快速增长，对于长度为 4 万点的信号，运行时间大于 16min，工程实用性差。

鉴于 MEMD 方法在对同步多通道数据进行多尺度分析时分解精度、执行效率方面的局限性，以下三个方面展开研究是非常有意义的。

（1）研究在获得多传感器空间位置先验知识的情况下的 MEMD 算法中的方向向量选择方法，提升 MEMD 算法精度，实现更有效的多尺度分析。

（2）引入分布式实时流计算框架 Strom，研究 MEMD 多尺度在线分析算法，实现电力设备监测大数据在线分析。

（3）以在线监测的变压器振动信号分析为切入点，提出利用改进 MEMD 多尺度分析方法对同步多通道变压器振动信号进行特征提取。

本章将就以上研究方向提出可行的研究方案和思路。

第二节　同步多通道监测数据的多尺度分析研究现状

一、同步多通道数据多尺度复杂性分析

目前学术界对同步多通道数据序列以及序列间动态相互关系并没有严格意义的定义，针对不同的应用背景，存在多种评价方法。Ahmed 等基于传统的单变量复杂度评估思想[8]和多维嵌入重构理论[12]，提出了多变量样本熵（multivariate sample entropy，MSampEn）[13]算法。MSampEn 可以对多通道数据序列中每一个序列自身的复杂度作出评估，并考虑了多个通道之间互预测性。但是 MSampEn 的缺陷也很明显，包括短序列分析时的统计稳定性较差、对阈值参数 r 的依赖性强、多变量随机序列具有大于多变量混沌序列的 MSampEn 值等方面。

Ahmed 等借鉴多尺度熵（multiscale entropy，MSE）[8]思想，对 MSampEn 进行了多尺度化扩展，提出了多尺度多变量样本熵（multiscale multivariate sample entropy，MMSE）[14]。MMSE 从复杂度、互预测性以及长时相关性角度评价了多通道时间序列的动态相互关系的一个方面，从而为研究者展现出其内在的非线性耦合特征。目前，MMSE 已在物理、生理等学科多种领域中获得应用，包括三维风速数据分析[13]、多导联脑电数据分析[15]、中心血压序列分析[14]以及心跳和呼吸序列分析[13, 16]。但是，MSE 和 MMSE 的多尺度化是一种低通滤波和降采样操作[17]，低通滤波采用滑动平均和之后改进的

Butterworth 滤波[18]均基于傅里叶变换思想，因此上述尺度化方法并不能有效地处理非线性非平稳信号。

在多尺度化操作的研究方面，经验模态分解（empirical mode decomposition，EMD）[19]是一种完全自适应的非线性非平稳信号处理算法。Amoud 基于 EMD 提出了本征模多尺度熵[20]，提高了 MSE 刻画非线性非平稳信号不同尺度的能力。但 EMD 算法在处理多变量时，只能单独对每一个序列独立地进行分解，因此存在同一尺度上的模式不匹配问题。Rehman 等提出了多变量经验模态分解（multivariate empirical mode decomposition，MEMD）算法[10]，将多变量序列投影到均匀的方向向量上，构造多变量局部均值，从而获得相应的固有模态函数及残余分量。Hu 等利用 MEMD 对多变量数据进行多尺度化[21, 22]，获得每个序列的 MSE 以及多变量序列的 MMSE，证实了基于 MEMD 的多尺度化方法在刻画非平稳信号尺度上表现出良好的性能。因此利用 MEMD 多尺度化方法，开展对同步多通道非平稳信号数据复杂度分析的研究，有望解决上述传统多尺度化过程存在的问题。

在 MEMD 算法的研究方面，由于多元信号的局部最大值、最小值没有被直接定义，而且用于描述 IMF 的"振荡模式"在用于多元信号时含义也变得不清晰。因此，多元 EMD 算法研究中的关键问题是如何计算多维曲线的包络以及局部均值。文献［10］提出了一种基于方向向量的方法，它将局部均值的计算看作是所有的包络线沿着 n 维空间方向向量的积分的一种估计，因此估计的准确性取决于方向向量选择。算法中设计了均匀角度坐标和低差异点集两种方向向量选取算法。基于均匀角度采样是在 n 维超球面坐标系统下进行均匀角度采样，这种方法操作简单，但是在 n 球接近极点处有很多高密度的点，因此采样结果并不理想；另外一种方法为文献［23］提出低差异点集采样（Sampling based on low-discrepancy point sets）方法。其中差异性（discrepancy）被看作是一种分布是否是均匀的定量的标准。差异性越低表示该分布越均匀。这种方法是利用 Quasi Monte Carlo（QMC）技术[24]去产生更加均匀的方向向量点集分布，因此相对于均匀角度采样可以获得更好的估计点集。但是，QMC 的精髓是使用 Low Discrepancy（LD）数字序列代替随机数列，LD 的基本思路是使用现有的样本决定下一个样本，并使用 rand()等依赖线性同余算法的函数生成汇聚的点集，这会使方差变大，从而影响 QMC 积分速度和精度，并影响了 QMC 产生点估计的均匀性。本章讨论研究在获取多传感器空间方位的先验知识的情况下，利用 Halton and Hammerseley 序列[25]来产生多维低差异序列，它被证明为在误差边界等方面上优于 QMC 方法，而且也被证明了由 Hammersley 序列产生的方向向量比其他方法产生的差异性要低，点集分布更加均匀。

二、多变量经验模态分解在线/实时算法

目前，MEMD 的研究主要针对离线信号的处理，而在工程实际中常常需要对在线信号进行实时分析。尤其在高采样率情况下，如何在极短时间内对大量涌入的多通道数据进行快速 MEMD 分解是一个很大的挑战。

截至目前，尚无针对海量多通道数据进行快速 MEMD 分解的研究成果出现，因而这里仅对传统 EMD 以及二元 EMD 快速算法的研究进行归纳总结。目前主要存在以下几类快速算法的研究思路：

（1）采用更加简便的拟合方法，适当放宽终止准则；经典算法的复杂度主要来自于三次样条插值。文献［26］采用具有局域控制特性的 B 样条函数代替三次样条插值函数直接拟合均值线，采用局域标准差终止准则判断原型模态函数（Proto-modeFunction，PMF）的对称性，使算法在时间复杂度和空间复杂度上均有所下降，但同时伴随分解精度的下降。

（2）只对有效数据拟合和进行终止准则的判定；EMD 中算法中由于极值点较多和判断标准差 SD 的数据长度较长，会使循环过程增多。文献［27］针对数据延拓，提出在 EMD 分解时，只对有效的那段数据（抛开延拓部分）范围内进行极值点、标准差的计算与终止条件判断，以提高 EMD 分解速度。文献［28］提出了一种二元 EMD 算法，基于狄洛尼三角剖分，采用分段三次多项式插值代替三次样条进行曲线拟合进行局部均值的计算，提高了算法速度。

（3）建立滤波器组提取各个分量；针对原始 EMD 采用筛选法进行 IMF 求解时所得各 IMF 不正交以及筛选过程可操作性不易掌控等问题，文献［29］提出了一种利用快速滤波方法进行本征模态函数分解的快速算法。由于分解速度快，该算法尤其适用于长信号的 EMD 分解。

（4）有效利用中间计算结果，减少重复计算；为了能对在线信号实现边采样边处理，文献［30］提出了一种重叠处理－均值继承经验模态分解

（superposition‑process and mean-inheriting EMD，SPMI‑EMD）算法。该算法对在线信号进行等时长划分，按时间顺序对信号分段进行 EMD 分解。在筛选每个 IMF 时，对于左边界的均值不再通过边界处理算法来预测，而直接采用上一信号段中相应 IMF 在该处的均值代替，使得每次筛选的边界处理速度提高近 1 倍；另外，该算法将每段信号（除信号段 1 外）与前一信号段末尾适当长度的信号段一起进行 EMD，即通过延拓的方法提高了连续 EMD 的精度。该算法的优势在于提高 EMD 分解速度的同时，充分考虑了分解精度的损失，这为研究多元 EMD 的快速算法提供了可借鉴的研究思路。

三、多故障条件下多通道变压器振动信号分析和特征提取

目前变压器振动的相关研究工作主要针对单一故障源的信号特征提取和故障识别，多种故障并发的案例的研究较少。变压器运行中遭受到各种突发性短路电流冲击时，每个绕组都将受强大的径向力和轴向力共同作用，在累积效应的作用下，绕组可能同时发生轴向和径向的形变，形成多故障源。绕组发生多种变形故障时，产生的振动波通过变压器结构件和冷却油传播到箱壁的过程中会相互叠加和干涉[31]，此时获取的振动信号虽然与单个故障振动相似，但故障振动波之间的互相影响导致其振动信号形态更加丰富，不完全是多个单故障信号的简单叠加，使得绕组监测诊断问题更复杂和困难。

借助多传感测量技术，当前变压器振动信号采集通常可同时获得变压器器身多个部位的同步多通道信号，实时数据量丰富，但利用并不充分。一种常用的处理方式是，依据相关试验先验知识大致确定某一个通道数据所含特征信息最丰富，或者通过比较各通道数据的某个特征量[6]（例如各测点二倍频响应幅值），选出某一通道数据进行分析，即仅参考了一个通道数据即得出结论。整个处理过程不够严密，受单一传感器的局限性通常得出的结论应用受限，不确定性增加，一致性较差。另一种常用方法是将多通道数据进行融合分析。目前多传感器数据融合虽然未形成完整的理论体系和有效的融合算法，但在不少应用领域根据各自的具体应用背景，已提出了许多成熟并且有效的融合方法。然而大多研究更多侧重于在决策层或者特征层进行信息融合[32]，数据融合点离数据源较远，虽然灵活性高、容错性强，但遗漏了很多细微信息，精度低，不能充分利用各通道数据之间的相关信息和冗余信息。相比较之下数据层的融合

可以保留尽可能多的信息，具有最高的精度，若能克服其效率低、抗干扰能力差的弱点，进行高效可靠的数据层融合，将为后续的特征提取和故障诊断等应用提供全面而丰富的信息。

本章将会讨论面向大数据环境下同步多通道数据多尺度分析方法展开，充分利用 MEMD 算法在多尺度分析方面的优势，研究在获取多传感器空间方位的先验知识的情况下，如何进行更有效的方向向量选择，以实现多元信号包络面和局部均值更有效的估计，提高 MEMD 分解的精度，实现更有效的多元EMD 分解；同时，针对基于多元 EMD 的多尺度分析过程中分解速度慢、实时性差的缺陷，引入分布式实时流计算框架 Storm，综合考虑同步多通道数据属性，探讨切实、可行的基于多元 EMD 的同步多通道数据在线多尺度分析算法。利用改进的 MEMD 多尺度分析算法，研究变压器绕组多故障条件下，同步多通道变压器振动信号的数据层融合分析和特征提取。本章讨论的研究内容对于更全面地发现同步多通道数据属性间存在的潜在联系和变化规律，具有重要的理论意义和应用前景。

第三节　同步多通道监测数据的
多尺度分析研究方案

一、基于多传感器空间位置先验知识和多维低差异序列的 MEMD 方向向量选择方法

通过分析原始 EMD 算法以及二维 EMD 算法的过程可知，多尺度分解的关键步骤在于如何求解曲线或者曲面的最值。而对于同步多通道数据对应的多元变量，其局部最大值和最小值没有被直接定义。目前的 MEMD 算法中普遍采用基于方向向量的方法，将局部均值的计算看作是所有的包络线沿着 n 维空间方向向量积分的一种估计，因此估计的准确性取决于方向向量选择。已有的方向向量选择算法（均匀角度坐标算法、低差异点集算法）只考虑了向量选择的均匀性，并未考虑任何先验知识。在获取多传感器空间方位的先验知识的情况下，各方向向量对计算曲面包络的贡献不同，如何衡量各方向向量的权重，设计更加均匀的方向向量选择算法，实现多元信号包络面估计和局部均值更有效地计算，是进行基于 MEMD 多尺度分析中一个亟需解决的关键问题。

多传感器空间方位信息对分析多通道信号之间的动态关系存在影响。可以考虑引入 Halton 和 Hammerseley 序列来产生多维低差异序列。在采用差异（discrepancy）来对一个模式的采样位置分布的质量进行数值上的评估时，同时考虑多传感空间方位信息、区域体积和采样点数量，设计并实现更加均匀的方向向量选择算法，算法流程如图 7-1 所示。

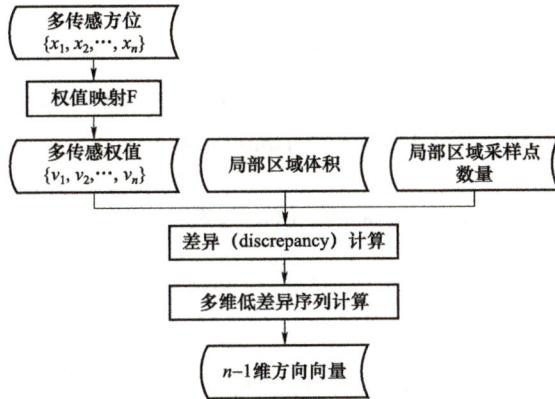

图 7-1 考虑多传感方位的方向向量选择方法

Halton 序列和 Hammersley 序列是两个著名的任意维数的低差异序列，它们均采用根基反转方法（radical inverse）生成，图 7-2 为一个 2D Halton 序列和 Hammersley 序列。

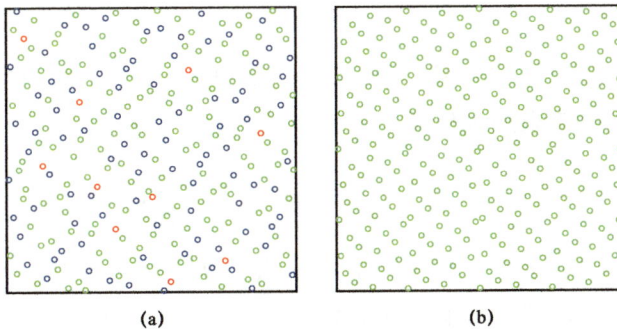

图 7-2 二维 Halton 序列和 Hammersley 序列

(a) 2DHalton 序列；(b) 2D Hammersley 序列

Halton 序列可以用于采样总数不预先确定的情况中；序列的所有前缀都分布良好，新加入采样以后也会保持序列的低差异值。Halton 序列和 Hammersley

序列的产生过程如下：

任何一个非负整数 k 都能够用一个素数 p 表示，即

$$k = a_0 + a_1 p + a_2 p^2 + \cdots + a_r p^r$$

式中，a_i 为一整数，其值范围为 $[0, p-1]$，现定义以 k 为变量的函数 Φ_p，即

$$\Phi_p(k) = \frac{a_0}{p} + \frac{a_1}{p^2} + \frac{a_2}{p^3} + \cdots + \frac{a_r}{p^{r+1}}$$

现设 d 为采样空间的维数，任一素数序列 $\{p_1, p_2, \cdots, p_{d-1}\}$ 定义函数序列 $\{\Phi_{p1}, \Phi_{p2}, \cdots, \Phi_{pd-1}\}$。其相应的 k 个 d 维 Hammersley 点为

$$\left(\frac{k}{n}, \Phi_{p1}(k), \Phi_{p2}(k), \cdots, \Phi_{pd-1}(k) \right)$$

式中，$k = 0, 1, 2, \cdots, d-1$。$p_1 < p_2 < \cdots < p_{d-1}$，并且 n 为 Hammersley 点的总数。

在 $n-1$ 维方向向量确定之后，需要将多元信号在所选方向上进行映射，所设计的多元 EMD 整体分解过程可描述如下：

（1）应用选择算法计算（$n-1$）维球面点集，转换为 n 维方向向量。

1）多传感方向映射；

2）差异计算。

（2）依次计算输入信号 $x(t)$ 沿着所有方向向量的映射，获得映射信号 $p^{\theta k}(t)_{k=1}^{K}$。

（3）找到映射信号 $p^{\theta k}(t)_{k=1}^{K}$ 相应于时间量 t 的最大值，最小值。

（4）用样条插值求最大值最小值构成的包络 $e^{\theta k}(t)_{k=1}^{K}$。

（5）求 K 个方向向量的包络平均值 $m(t) = 1 \Big/ K \sum_{k=1}^{K} e^{\theta k}(t)$。

（6）$d(t) = x(t) - m(t)$，如果细节信号 $d(t)$ 满足多元 EMD 停止准则，那么它就成为 1 个 IMF，迭代求解其他 IMF，否则对 $d(t)$ 重复上面的过程。

二、适用于同步多通道数据流多尺度分析的在线 MEMD 算法

MEMD 多尺度化过程包含方向向量选择、信号投影、包络面拟合等复杂的计算过程，同时含有大量的迭代运算，因此分解速度慢、实时性差。但是这

些计算过程有些是可以优化的，有些是可以并行的，如何在保持分解精度的前提下，简化 MEMD 拟合准则，优化过程数据处理，重复利用过程数据中间结果，减少迭代计算，并充分利用现代分布式实时流计算框架，设计实现满足适用于同步多通道数据流多尺度分析的在线 MEMD 算法是一个关键问题。

面向高采样率情况下不断到达的同步多通道状态监测大数据，可以考虑引入分布式实时流处理框架 Storm，设计并实现一种适用于多数据流分析的在线 MEMD 算法。

实时流处理框架运行在分布式平台上，实时计算任务逻辑被封装到 Topology 对象里，Topology 对象由不同的 Spout（消息源）和 Bolt（消息处理）通过数据流连接起来。实时分析任务 Topology 运行在分布式集群的多台计算机上，并创建多个工作进程完成计算任务。Storm 工作的并行模型如图 7-3 所示。

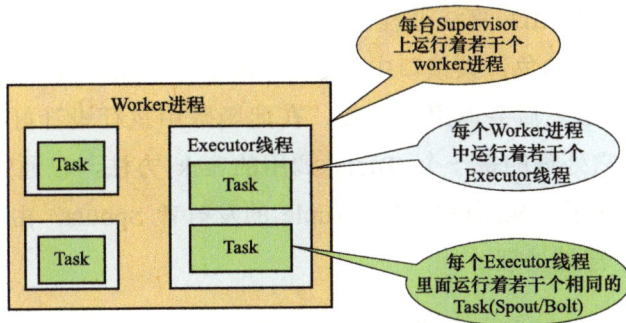

图 7-3　Storm 并行模型

基于第 1 个研究方案中设计的 MEMD 算法，考虑算法在 Strom 处理框架下的实现过程。分布式实时流框架下在线 MEMD 算法的整体流程如图 7-4 所示。

消息源 Spout 是消息生产者，负责从外部数据源（多传感器）读取数据，并进行封装后发送到 Stream（数据流）中。Spout 可以是可靠或者不可靠的，如果消息没有被成功处理，可靠的 Spout 可以重新发射消息，但是不可靠的 Spout 一旦发出后就不再重发。Spout 是一个主动的角色，在接口内部有个 nextTuple 函数，Storm 框架会不停的调用该函数，一直发射新的消息到 Topology，如果没有新的消息则简单返回。由于 Storm 在同一个线程上调用所有消息源 Spout 的方法，因此 nextTuple 方法不能阻塞。

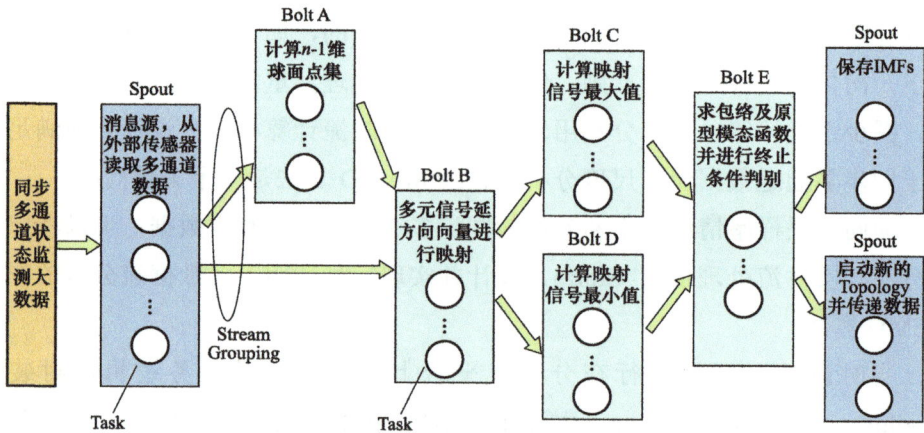

图 7-4 分布式实时流框架下 MEMD 算法整体流程

流程中所有的消息处理逻辑被封装在 Bolt 中，Bolt 处理输入的 Stream。Bolt 可以发射新的 Sream，执行过滤 Tuple、函数操作、聚合操作、读写数据库等任何操作。MEMD 算法过程包含多个步骤，从而需要经过多个 Bolt。Bolt 是一个被动的角色，其接口中有一个 execute 方法，它以 Tuple 作为输入，在接收到消息之后会调用此函数，在此函数中执行设计好的处理逻辑。Bolts 必须要为它处理的每一个 Tuple 调用的 ack 方法，以通知 Storm 这个 Tuple 被处理完成了，从而通知这个 Tuple 的发射者 Spouts，由此保证 Stream 中的数据能够全部被处理。

三、基于 MEMD 的变压器绕组多故障条件下的同步多通道振动信号特征提取

分析变压器在线振动监测信号时，改进的 MEMD 方法可以胜任实时大数据的情况，并能克服传统多尺度方法不适用于处理非平稳信号的不足，同时能充分利用同步多通道信息。因此首先采用改进 MEMD 对多通道变压器振动信号进行分解，得到多通道序列的多个 IMF 函数，由于 IMF 函数本身为窄带信号，采用从原始序列中逐步去除高频 IMF 函数的方法，或从低频到高频 IMF 函数的逐步累加，来实现多通道序列的多尺度化，最后计算并组合多通道数据各尺度上的序列排列熵作为特征值。特征提取的过程如图 7-5 所示。

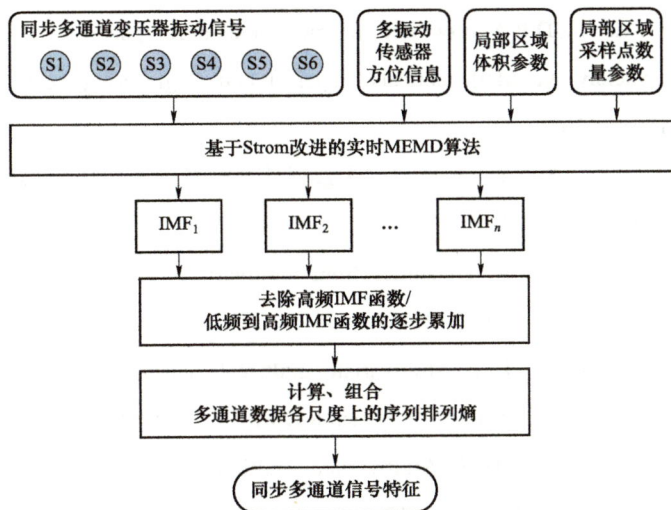

图7-5 同步多通道变压器振动信号特征提取

参 考 文 献

[1] 万海龙，赵春宇. 多通道实时电能质量监测系统［J］. 仪表技术与传感器. 2014（10）：87-89.

[2] 董密. 多通道谐波监测及故障录波一体化装置的研制［D］. 中南大学，2002.

[3] 孙建军. 变压器运行多通道并行数据采集装置的研制［D］. 沈阳工业大学，2006.

[4] 贺威，胡晓娅. 基于 ARM 和 FPGA 的多通道局部放电检测系统设计［J］. 计算机与数字工程，2013，41（1）：49-51.

[5] 徐义忠. 基于 FPGA 的多通道工频场强监测分析研究［D］. 上海交通大学，2008.

[6] 徐方，邵宇鹰，金之俭，等. 变压器振动测点位置选择试验研究［J］. 华东电力. 2012，40（2）：0274-0277.

[7] 马宏忠，耿志慧，陈楷，等. 基于振动的电力变压器绕组变形故障诊断新方法［J］. 电力系统自动化，2013，37（8）：89-95.

[8] Costa M.，Goldberger A.L.，Peng C.-K. Multiscale entropy analysis of complex physiologic time series. Physical Review Lettersec. 2002，89（6）：068102.

[9] Richman J S，Moorman J R. Physiological time-series analysis using approximate entropy and sample entropy［J］. American Journal of Physiology-Heart and Circulatory Physiology，2000，278（6）：H2039-H2049.

［10］ Rehman N，Mandic D P. Multivariate empirical mode decomposition ［J］. Proceedings of the Royal Society A：Mathematical，Physical and Engineering Science，2010，466 （2117）：1291－1302.

［11］ 宋亚奇，周国亮，朱永利. 智能电网大数据处理技术现状与挑战 ［J］. 电网技术，2013，37 （4）：927－935.

［12］ Cao L，Mees A，Judd K. Dynamics from multivariate time series ［J］. Physica D：Nonlinear Phenomena，1998，121 （1）：75－88.

［13］ Ahmed M U，Mandic D P. Multivariate multiscale entropy：A tool for complexity analysis of multichannel data ［J］. Physical Review E，2011，84 （6）：061918.

［14］ Ahmed M U，Mandic D P. Multivariate multiscale entropy analysis ［J］. Signal Processing Letters，IEEE，2012，19 （2）：91－94.

［15］ Ahmed M U，Li L，Cao J，et al. Multivariate multiscale entropy for brain consciousness analysis ［C］//Engineering in Medicine and Biology Society，EMBC，2011 Annual International Conference of the IEEE. IEEE，2011：810－813.

［16］ Labate D，Foresta F L，Morabito G，et al. Entropic Measures of EEG Complexity in Alzheimer's Disease Through a Multivariate Multiscale Approach ［J］. Sensors Journal，IEEE，2013，13 （9）：3284－3292.

［17］ Nikulin W，Brismar T. Comment on "Multiscale Entropy Analysis of Complex Physiologic Time Series" ［J］. Physical review letters，2004，92 （8）：089803.

［18］ Valencia JF，Porta A，Vallverdú M，et al. Refined multiscale entropy：Application to 24－Holter recordings of heart period variability in healthy and aortic stenosis subjects ［J］. Biomedical Engineering，IEEE Transactions on，2009，56 （9）：2202－2213.

［19］ Huang N E，Shen Z，Long S R，et al. The empirical mode decomposition and the Hilbert spectrum for nonlinear and non-stationary time series analysis ［J］. Proceedings of the Royal Society of London. Series A：Mathematical，Physical and Engineering Sciences，1998，454 （1971）：903－995.

［20］ Amoud H，Snoussi H，Hewson D，et al. Intrinsic mode entropy for nonlinear discriminant analysis ［J］. Signal Processing Letters，IEEE，2007，14 （5）：297－300.

［21］ Hu M，Liang H. Adaptive multiscale entropy analysis of multivariate neural data ［J］. Biomedical Engineering，IEEE Transactions on，2012，59 （1）：12－15.

［22］ Ahmed M U，Rehman N，Looney D，et al. Dynamical complexity of human responses：a multivariate data-adaptive framework ［J］. Bulletin of the Polish Academy of Sciences：Technical Sciences，2012，60（3）：433－445.

［23］ Cui J，Freeden W. Equidistribution on the sphere ［J］. SIAM Journal on Scientific Computing，1997，18（2）：595－609.

［24］ Niederreiter H. Random number generation and quasi-Monte Carlo methods ［M］. Philadelphia：Society for Industrial and Applied mathematics，1992.

［25］ Wong T T，Luk W S，Heng P A. Sampling with Hammersley and Halton points ［J］. Journal of graphics tools，1997，2（2）：9－24.

［26］ 胡利萍，宋恩亮，李宝清，等. 一种适用于流数据分析的快速 EMD 算法 ［J］. 振动与冲击，2012，31（8）：116－120.

［27］ 胡劲松，杨世锡. 基于有效数据的经验模态分解快速算法研究 ［J］. 振动. 测试与诊断，2006，26（2）：119－121.

［28］ Damerval C，Meignen S，Perrier V. A fast algorithm for bidimensional EMD ［J］. Signal Processing Letters，IEEE，2005，12（10）：701－704.

［29］ Ren Q S，Yi Q，Fang M Y. Fast implementation of orthogonal empirical mode decomposition and its application into singular signal detection ［C］//2007 IEEE International Conference on Signal Processing and Communications. 2007：1215－1218.

［30］ 钟佑明，赵强，周建庭. 实时经验模态分解的实现方法 ［J］. 振动. 测试与诊断，2012，32（1）：68－72.

［31］ García Belen，Burgos Juan Carlos，Alonso Angle Matias. Transformer tank vibration modeling as a method of detecting winding deformations-part I：theoretical foundation ［J］. IEEE Transaction Power Delivery，2006，21（1）：157－163.

［32］ 齐贺，赵智忠，李振华，赵素文. 基于多传感器振动信号融合的真空断路器故障诊断 ［J］. 高压电器，2013，02：43－48＋54.

第八章 总 结 与 展 望

第一节 总 结

随着信息化与电力生产深度融合以及物联网技术的快速发展，智能化电力一次设备和常规电力设备的在线监测都得到了较大发展并成为趋势，监测广度和深度不断加强，监测数据变得日益庞大，电力设备在线监测系统在数据存储、查询和监测数据分析等方面面临巨大的技术挑战。存储和计算性能成为制约电力大数据应用的关键问题。本书基于云平台和 Hadoop、Spark、MaxCompute 大数据处理技术，对电力设备监测大数据的存储模式、数据分布策略、波形信号并行分析、特征提取、多源数据关联查询、并行聚类划分以及报警数据的实时模式识别等方面进行了研究。主要工作和取得的创新性成果如下：

（1）针对多源监测数据关联分析时，采用 Hadoop 默认的机架感知数据副本存放策略造成节点间通信量大、性能低下的问题，提出了考虑数据相关性的多副本一致性哈希存储算法（CMCH）。CMCH 能够根据设备主属性、时间属性和自定义相关系数对数据进行分布，使相关的数据在集群中聚集，以减少并行算法执行中的节点间的通信开销，提升了数据分析执行效率。为了验证 CMCH 算法对并行程序执行性能提升的有效性，应用 MapReduce 并行编程框架设计实现了基于 CMCH 的多数据源并行关联查询算法和基于 CMCH 的多通道数据融合并行特征提取算法。在 Hadoop 平台上的实验结果表明，CMCH 使得上述两种算法在执行过程中节约了大量的通信开销，执行时间分别为标准 Hadoop 方案的 32% 和 35%，有效提升了多源监测数据关联查询和分析的性能。

（2）针对变压器局部放电等高采样率信号进行 EEMD 分解时运算量大，运行速度缓慢的问题，提出了基于 MapReduce 模型的并行化 EEMD 算法（MR－EEMD）。为了减小采用矩形窗分段造成的分段边界误差，提出了基于局部平稳度的自适应分段包络线重构算法（LF－ASER）。实验结果表明，在处理长度为 40 000 点的信号时，MR－EEMD 运行时间仅为 127s（单机环境下 EEMD 运行时间＞15min），算法加速比最高达到 7.2，使得在单机上运行缓慢甚至无法运行的程序变得可以运行，实现了快速的 EEMD 分解。LF－ASER 能够自适应地确定信号分段的边界和延拓长度，并对分段边界进行补偿处理，使重构的包络线误差能够减小到给定阈值范围内，使得 MR－EEMD 在提升处理速度的同时，也保持了原始 EEMD 算法分解精度。

（3）针对自建数据处理平台在硬件规模、扩展性、集群伸缩性和维护性等方面的限制和问题，首次尝试利用阿里云大数据计算服务（ODPS）存储并加速电力设备监测大数据分析过程。提出了基于 MaxCompute 的海量变压器局部放电数据的存储方法；提出了基于 MaxCompute 扩展 MapReduce 模型（MR^2）的并行化 PRPD 分析方法，实现了海量 PD 信号的并行基本参数提取、统计特征计算与放电类型识别。实验结果表明，并行话的 PRPD 使大量的中间过程数据保持在内存中，相比在 Hadoop 平台的实现，节省了大量的磁盘访问开销，性能提升显著。MaxCompute 的弹性伸缩功能特性使得参与计算任务的硬件资源随数据规模的增长自动增长，使计算任务的执行时间保持非常平稳的趋势，相对大多自建 Hadoop 平台，能够以较低的成本完成更大规模的数据分析。在实验中，MaxCompute 参与计算的 CPU 核心最多达到 1093 个，使用内存多达 1639GB，这是很多自建平台很难企及的。而且，由于是按需租用的，整个实验的费用非常低廉。

（4）Hadoop 和 MaxCompute 能够对海量历史数据完成高吞吐量的并行处理，但在实时性和响应时间方面难以满足对实时性要求较高的应用场景，如极端天气条件下形成的短时、大规模并发报警和越限监测数据的在线分析。研究了基于分布式高性能计算框架 Spark 的电力设备监测大数据实时模式识别方法，在阿里云 E－MapReduce 平台上设计实现了 Spark－KNN 快速分类算法，用于海量绝缘子泄漏电流数据的快速模式识别。实验结果表明，Spark－KNN 的平均性能是 Hadoop MapReduce 平台实现的算法（MR－KNN）的 2.97 倍，并获得了最高 8.8 倍的加速比，相比 Hadoop MapReduce 更适合执行电力设备监测大数据的实时处理任务。

（5）基于阿里云数加平台，以 Stream Comput 核心，综合应用 IOT 套件、DataHub、RDS、DataV 实现了电力设备监测数据的实时采集、数据加工、时频分析和数据可视化展示。通过云监控，实时监视流计算任务的各项性能参数，整体计算延迟达到秒级，可以满足电力设备在线监测、计算和数据展示的性能需求。

最后，讨论了同步多通道的电力设备状态监测数据的特征提取以及过程中所面临的大数据问题，并讨论了可行的解决方案。

第二节 展　望

电力大数据蕴含着巨大的价值，引导人们研究"数据密集型"的应用系统（基于大数据的分类、预测等），与大数据交互，识别新模式，发现新规律。利用分布式存储、并行计算加速此类数据密集型应用是目前较有效的手段。如何利用现有技术（Hadoop、多核计算、云计算等）构建高可靠性及高可用性的分布式存储与计算平台，并利用并行计算技术（MapReduce、MPI 等），助力电力大数据价值释放极具挑战性，有许多问题需要进一步研究。

（1）对于不断到达的监测数据，一种处理方法是将其持久化存储并累积起来，而后对历史数据进行批量分析。另一种更高效的处理方式是对持续监测的数据流，利用大数据流式计算技术（Apache Storm、Spark Streaming 等）进行实时处理和分析。下一步拟基于 Storm 实时流式数据处理平台，研究持续监测的流式数据和远方监测装置报送的报警数据的实时流式处理与故障诊断。并研究 Storm 和 Spark 的交互方法，将实时流处理和实时批处理有效结合，满足电力设备监测系统的实时计算需求。

（2）为了提升电力设备故障诊断、设备状态评估的广度和深度，一个重要的研究方向是借助电力设备监测大数据，寻找新的特征量以及进行特征选择。传统方法中的特征量大都是基于经验或者实验室数据总结和提出的。下一步拟基于课题组研发的输变电设备监测系统采集的监测数据，利用大数据处理技术（MaxCompute、Hadoop、Spark 等）进行海量历史数据的挖掘和关联分析，寻找新特征量和对已有特征量进行特征选择。